农机创新设计经典案例

NONGJI CHUANGXIN SHEJI JINGDIAN ANLI

◎ 吕建秋 主编

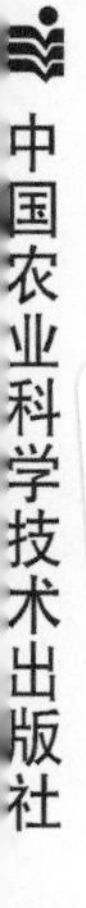

中国农业科学技术出版社

图书在版编目(CIP)数据

农机创新设计经典案例 / 吕建秋主编 . --北京：中国农业科学技术出版社，2023. 8

ISBN 978-7-5116-6335-1

Ⅰ. ①农… Ⅱ. ①吕… Ⅲ. ①农业机械-机械设计-案例 Ⅳ. ①S220. 2

中国国家版本馆 CIP 数据核字(2023)第 121804 号

责任编辑 张诗瑶
责任校对 贾若妍 李向荣
责任印制 姜义伟 王思文

出 版 者 中国农业科学技术出版社
北京市中关村南大街 12 号 邮编：100081
电 话 (010) 82106625 (编辑室) (010) 82109702 (发行部)
(010) 82109709 (读者服务部)
网 址 https://castp.caas.cn
经 销 者 各地新华书店
印 刷 者 北京建宏印刷有限公司
开 本 170 mm×240 mm 1/16
印 张 11
字 数 210 千字
版 次 2023 年 8 月第 1 版 2023 年 8 月第 1 次印刷
定 价 98.00 元

版权所有 · 翻印必究

《农机创新设计经典案例》

编写人员

主编：吕建秋

参编：（按姓氏笔画排序）

丁子予　丁炜妮　田　怡　朱广飞
朱克富　闫国奇　苏佳佳　李少华
肖裕玲　何　涛　张　宁　张　烨
张晓滢　张琼文　林键沁　欧媛珍
周志艳　郑彩燕　侯　珂　郭　炜
唐遵峰　黄昱燊　谢丽云

前　言

党的二十大报告提出，要坚持创新在我国现代化建设全局中的核心地位，强调加快实施创新驱动发展战略，加快实现高水平科技自立自强。这一国家战略目标的实现，离不开创新方法，而大学是科技第一生产力、人才第一资源、创新第一动力的重要结合点，必然要求在大学中大力推广普及创新方法。

2007 年以来，著名科学家王大珩、刘东生、叶笃正 3 名院士联名向当时的温家宝总理提出《关于加强我国创新方法工作的建议》并获得肯定性批示，科学技术部、国家发展和改革委员会、教育部和中国科学技术协会联合发布《关于加强创新方法工作的若干意见》，创新方法的研究示范推广应用在政府、企业、高校、科研机构、社会团体等得到了广泛关注和高度重视，涌现了一大批创新型杰出人才，形成了一批标志性创新成果。

创新方法在农业领域推广应用起步相对较晚，农业高校创新方法推广应用就更晚。华南农业大学创新方法研究所成立于 2012 年，一直致力于创新方法人才培养及农业领域推广应用，面向全校研究生和本科生开设了“TRIZ 理论与技术创新方法”“发明理论与创新方法”等课程，形成了一批创新案例。本书从中选择了 10 篇关于农机创新设计的案例，中国农业机械化研究院李少华研究员征集精选了 6 篇，同时，特别邀请“高湿粮食干燥机关键技术及成套设备”项目组撰写了 1 篇农机创新设计报告，共计 17 篇农机创新设计经典案例，形成本书主要内容。由于编者水平有限，研究成果如有不足之处，敬请广大读者批评指正。

本书得到科学技术部创新方法工作专项“创新方法高等教育人才培养研究与示范”（项目编号：2020IM030100）资助。

目　录

基于 TRIZ 理论的小浆果采摘执行器创新设计

1 项目背景

近年来，智能农业机械发展迅速，助力了中国农业的发展。《中共中央关于制定国民经济和社会发展第十四个五年规划和二〇三五年远景目标的建议》指出，应优先考虑全面促进农业和农村发展，强化农业科技和装备支撑。与此同时，国务院发布的《“十四五”推进农业农村现代化规划》也指出，要以智慧农业、农机装备等关键领域为重点，加快推进一批重要技术和产品的研发与创新。智能农业装备已经成为实现智慧农业新产业发展的重要手段，从国家到地方都非常重视，在政府多部门政策的导向下，我国智能农业装备迎来了新的发展机遇。

除重要粮食作物外，水果在营养价值、农业多样性等方面也扮演着重要角色。近年来，小浆果被称为“第三代黄金水果”，引发了世界范围内的小浆果生产热潮。氨基酸、维生素、膳食纤维，以及钙、镁、铁和锌等矿物质都是小浆果所富含的营养物质。小浆果还具有很强的保健功能，如抗衰老，预防癌症，增强身体免疫力等。在国际市场上，小浆果可以加工成各种产品，具有良好的经济价值和发展前景。

根据联合国粮食与农业组织统计，世界浆果种植面积和产量逐年上升。欧洲和美国市场的小浆果销售量及价格都在不断上升，在市场需求、发展中国家的廉价劳动力以及低土地成本等因素的共同作用下，小浆果产业逐步向发展中国家和地区转移。基于此国际背景，中国的小浆果产业也在逐步发展，并成为中国农业结构中一个新的经济增长点。

由于浆果的多重特性——市场价值高、栽培效益好、耐寒性强，浆果产业在中国北方寒冷地区展现出广阔的发展前景，并逐渐成为热门的发展产业。在政策扶持下，小浆果种植面积快速增加，种植量的逐年递增对机械化采收装备提出新需求。

小浆果类果树指蓝莓、树莓、黑醋栗、蓝果忍冬等果实较小、果肉呈浆状的一类果树。水果机械化采收是农业现代化发展重要方向，但对皮薄、多汁、娇嫩、生态脆弱的小浆果进行机械和非破坏性采摘是一项重大挑战。随着农业产业化进程的不断发展，自动采摘机器人成为解放劳动力的主力，在解决劳动力短缺问题和提高小浆果采摘效率、保证果肉的完整性等方面具有巨大的潜力。

2 问题描述

小浆果产量近年在我国迅速增加，但小浆果的种植和收获严重依赖劳动力。随着信息社会和高新技术时代的到来，人工采摘正在减少，劳动力短缺和采摘成本上升的双重挑战正在推动小浆果采摘走向自动化。

人工采摘是目前小浆果采摘的主要形式，机械式采摘在一定程度上可以降低人工劳动强度，但人工采摘的效率优于机械式采摘，机械式采摘仍然无法解决成本高、效率低等问题，同时无法避免工作环境差的问题。目前还可以采用振动采收进行小浆果的收获，即通过振动树的主干和侧枝来落果。这种方法效率很高，但同时会对果实造成重大损害，并使随后的分拣工作变得复杂，被损坏的果实一般用于对果实外观要求不高的果汁、果酱加工。在需要对浆果（如药用桑椹等）进行无损采摘的场合，振动采收造成的重大损害不能满足市场需求。为了减少振动采收造成的损害，可以由机器人进行选择性采摘，但末端运动元件（如机械爪），基本上是夹持或包裹住水果，刚性夹持容易损伤浆果，而软体包裹体积大，难以小型化，并且刚度不足，难以分离果实。传统的采摘机械爪通常需要通过力度反馈控制来实现无损采摘，但这使机械爪结构复杂，降低了鲁棒性，还使制造部件和控制复杂化（图 1）。要设计一个小浆果采摘执行器，首先必须确定有关的技术矛盾。要解决技术矛盾，就需要加大机器人的自由度。机器人的自由度越大，就越接近人手，在采摘过程中，就越能减少损坏。这也对采摘机器人的末端执行器提出更高的要求，可采用带有缓冲的装置作为末端执行器，但会增加设备生产的难度和成本。

2.1 问题初始情境和系统工作原理

问题初始情境：基于小浆果娇嫩、易损的生物学特性，传统的振动采收、

图 1　当前采摘方式

机械爪或软体夹持和包裹等方法都无法实现无损采摘。

系统工作原理：电机驱动采摘机械爪实现无损采摘。

2.2　系统当前存在的主要问题

机械爪部分的设计，以及提供合适的力度进行无损采摘。

2.3　当前主要问题的出现情况

采摘小浆果需要一个比较适宜的末端执行器。

2.4　初步思路或类似问题的解决方案及存在的缺陷

软体包裹采摘刚度不足，难以分离果实；加入力度反馈控制不仅使机械爪设计复杂化，降低鲁棒性，而且还增加制造成本，使控制复杂化。

2.5　拟解决的关键问题

模拟人的手指设计机械爪部分，电机驱动，易于集成到机器人系统中。

2.6　对新技术系统的要求

新技术系统要求能够实现机械指的联动。

2.7　技术系统的 IFR

技术系统的 IFR（最终理想解）为高效率、高作业精度、低果实破坏率、低成本。

3 问题分析

3.1 九屏幕法

用九屏幕法（图2）对机械爪从时间（过去、现在及未来）和空间（超系统、系统及子系统）维度进行分析，得到方案一：对传动机构，可用丝杆螺母将丝杆电机的旋转运动转换成直线运动，通过移动滑块的上下平移，进而带动爪头的抓取和拉拽。

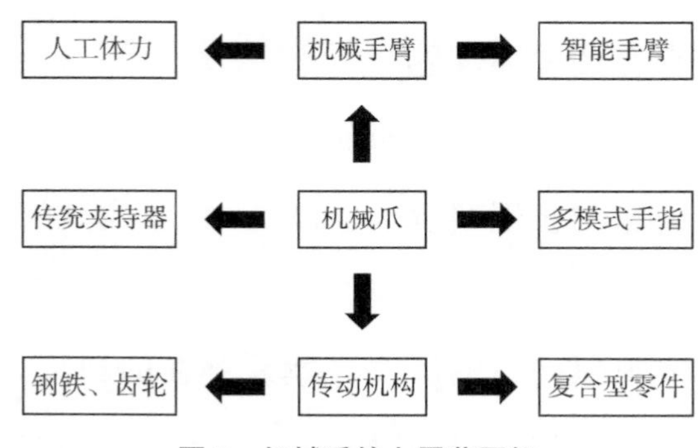

图2 机械爪的九屏幕图解

3.2 IFR法

利用TRIZ（发明问题解决理论）工具搭建理想解决方案分析表（表1），设计方案解决技术难题。

表1 IFR解决问题的分析结果

问题	分析结果
设计最终目标？	高效率，高作业精度，低果实破坏率，低成本
理想化最终结果？	精简材料成本，精准无损采摘小浆果
达到理想解决方案的障碍是什么？	结构复杂，成本高
出现这种障碍的结果是什么？	设计的机械手指易损伤小浆果或机械手指刚度不足
不出现这种障碍的条件是什么？	根据小浆果特点设计合理的驱动机构和机械爪结构
创造这些条件所用的资源是什么？	仿真机器手指及其他机械人手指资料

通过上述分析，得到方案二：实现小浆果的无损采摘，需要设计一种适合无损采摘小浆果的机械爪，小型化、开环控制的柔顺包络式小浆果采摘机械爪不失为一个合适的解决方案。

3.3 系统功能分析

3.3.1 组件列表

小浆果采摘执行器的组件分析如表 2 所示。

表 2 小浆果采摘执行器的组件分析

技术系统	系统组件	超系统组件
采摘机械爪	驱动机构 传动机构 爪头	果实 采摘机器人

3.3.2 相互作用分析

小浆果采摘执行器的相互作用分析如表 3 所示。

表 3 小浆果采摘执行器的组件相互作用分析

	驱动机构	传动机构	爪头	采摘机器人	果实
驱动机构		+	−	−	−
传动机构	+		+	−	−
爪头	−	+		+	−
采摘机器人	−	−	+		+
果实	−	−	−	+	

3.3.3 功能模型

小浆果采摘执行器的功能模型如图 3 所示。

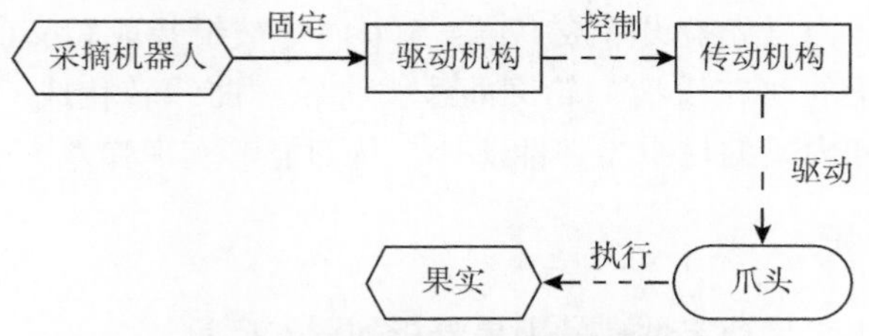

图 3 小浆果采摘执行器的功能建模

3.4 系统裁剪

系统裁剪前见图 4。

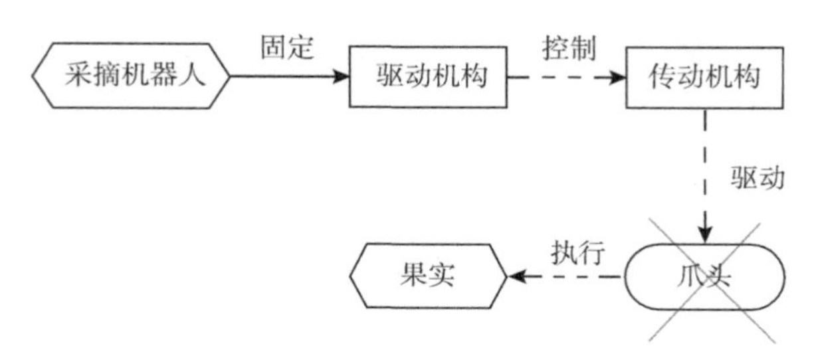

图 4 系统裁剪前的功能模型

系统裁剪后见图 5。

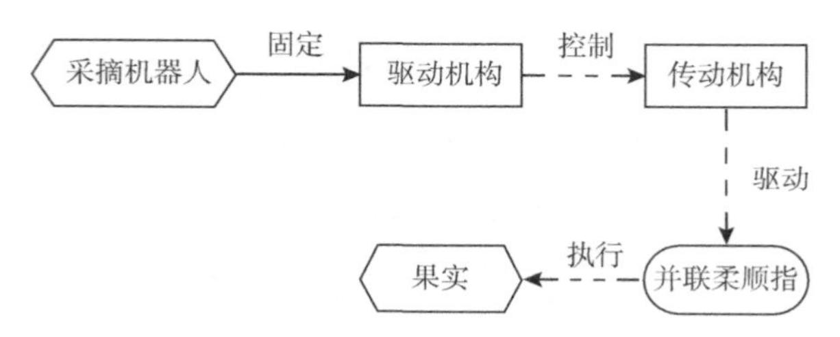

图 5 系统裁剪后的功能模型

提出技术方案："梁-梁"接触的并联柔顺指，采用 0.5mm 厚 PET 弹性塑料片材料通过激光切割方式加工而成，"梁-梁"接触的并联柔顺指包括多组变形外梁和变形内梁，内梁上端与外梁通过面接触方式胶粘连接，并联柔顺指中相配合的变形外梁与变形内梁共设有 5 组。外梁是驱动梁，是一个矩形直梁。内梁是"花瓣状"的被动梁，其形状由壳体的形状决定。首先用有限元分析内梁和外梁形成两个自由度的柔性并联机构后的受力弯曲曲线，得到弯曲曲线方程，然后内梁先被设计成直梁，5 个内梁被组装成相交的曲线，并布尔运算后得到内梁的"花瓣状"轮廓曲线，将轮廓曲线转化成 G 代码后激光切割成型。外梁和内梁的材质为弹性薄片，从而能够实现弹性大变形。

3.5 因果分析

无损采摘小浆果稳定性差的因果分析如图 6 所示。

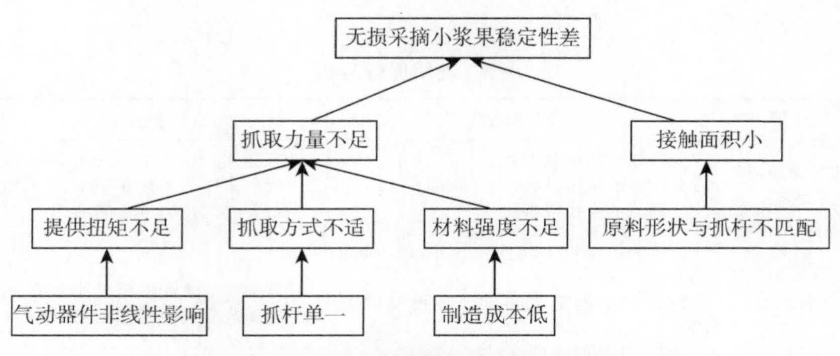

图 6　无损采摘小浆果稳定性差的因果分析

3.6　资源分析

无损采摘小浆果的资源分析如表 4 所示。

表 4　无损采摘小浆果的资源分析

	技术系统	子系统	超系统
物质资源	采摘机械爪	驱动机构、传动机构、爪头	果实、机器人
能量资源	压力、电能	电能、压力	旋转、强度
信息资源	—	—	机器视觉
时间资源	—	—	—
空间资源	推车	末端执行器	果实枝干
功能资源	—	抓取软性物品	智能识别

4　问题求解

4.1　技术矛盾和创新原理

用技术矛盾理论阐述改善和恶化的要素，将要素转化为 TRIZ 中的 39 个通用参数，并使用由通用参数创建的矛盾矩阵，找到解决技术矛盾的发明原理。结合采摘器的结构，选择改善采摘执行器的力度稳定性，但却让整个系统的结构和设计复杂化，因此“增加了抓取头的稳定性；恶化了系统的结构和设计”，出现了技术矛盾。查阅阿奇舒勒矛盾矩阵，得出 2 种发明原理的解决方法，如

表 5 所示。

表 5　发明原理分析

发明原理	原理说明	解决方案
35 转变物理或化学状态	改变物体的物理状态； 改变物体的浓度或密度； 改变物体的大小或温度	方案 3：因气动器件的非线性影响致爪头压力难以控制，故采用电力或者磁力控制爪头的动作
13 反向作用	使物体的运动方向与原系统中的运动方向相反； 让物体固定的部分可动，让可动的部分固定； 物体上下颠倒或内外对调	方案 4：将爪头抓紧小浆果的动作更换成爪头直接拧断果柄

4.2　物理矛盾和分离方法

在实践中，发现爪头尾部只能在抓取杆上进行抓取动作，不能同时进行抓取和伸展动作。结合物理矛盾理论对采摘执行器的现有结构进行分析，设计一个可以抓取和拉伸果实的爪头十分有必要。目前爪头只能连接一个动力组件，要想在爪头的末端有两个动力组件，就会导致空间上的不一致。利用空间分离原理进而得到方案 5：通过在爪头尾部增加一个用于拉动的动力组件，而保留爪头现有的用于抓取的动力组件，这样就解决了空间分离造成的物理矛盾。

4.3　物场分析和标准解

依据系统组件的物场模型，简单的爪头只能实现抓取功能，很难控制抓取水果时的力度，因此物场模型为有用但不充分的功能模型（图 7）。TRIZ 理论

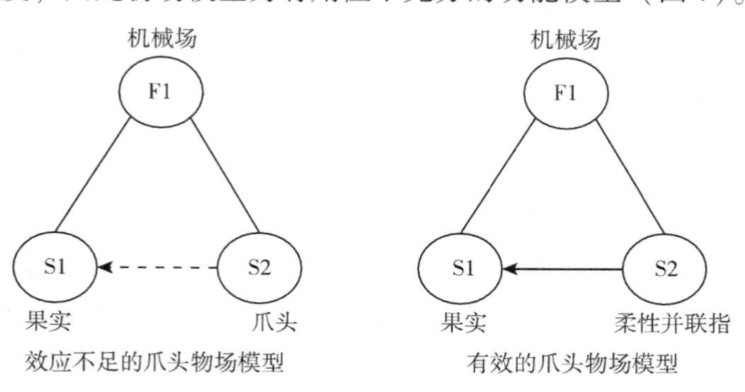

图 7　物场模型

中对于该类型可采用第 2 类或第 3 类的标准解来替代或补充不足效应，针对该模型可采用 S2 转化成合成物场模型，在原模型中 S2 的爪头换成柔性并联指来增强爪头抓取的物场效应，使得爪头抓取水果的力度可控。

综上所述，可得到方案 6：用柔性并联指来代替普通的爪头，外梁 2 是驱动梁，是矩形的直梁。内梁 1 是被动梁，“花瓣状”，形状根据包络的形状而定，外梁和内梁的材质为弹性薄片，这使大的弹性变形得以实现。至少需要 3 个并联柔顺指才能实现包络闭合状态（即至少有 3 组相匹配的变形外梁和变形内梁），优选为 4~6 指。

5 方案评估

小浆果采摘执行器的方案评估分析如表 6 所示。利用 TRIZ 技术矛盾“分割”发明原理以及爪头抓取水果的物场模型，从而分析得到了相似的解决措施：把爪头变成柔顺的并联指，包络式结构采摘可产生很好的效果，可以很好控制爪头力度。基于物理矛盾矛盾“空间分离”原理以及爪头的物场模型分析，在爪座结构上用电机驱动，控制可靠有效，避免了气动器件的非线性影响，电驱动易于集成到机器人系统中，爪头拧断果柄的效果增强了。综合上述解决措施，选取方案 2、方案 5、方案 6 为主要方案，方案 1、方案 3、方案 4 为辅助方案，两者结合最终得出基于 TRIZ 的采摘执行器创新方案（图 8）。新设计的采摘执行器由柔顺手指部分和驱动控制部分组成，其中柔性的并联指，具备力度适应性，不需要额外的传感器控制开度与夹持力度，易于小型化设计。

表 6 小浆果采摘执行器的方案评估结果 单位：分

方案	消除矛盾	成本	可行性	安全性	复杂性	总分
方案 1	8	7	8	8	6	8
方案 2	7	8	9	8	6	9
方案 3	7	8	8	7	5	7
方案 4	9	8	9	7	6	8
方案 5	8	7	9	8	5	9
方案 6	8	8	9	8	5	8

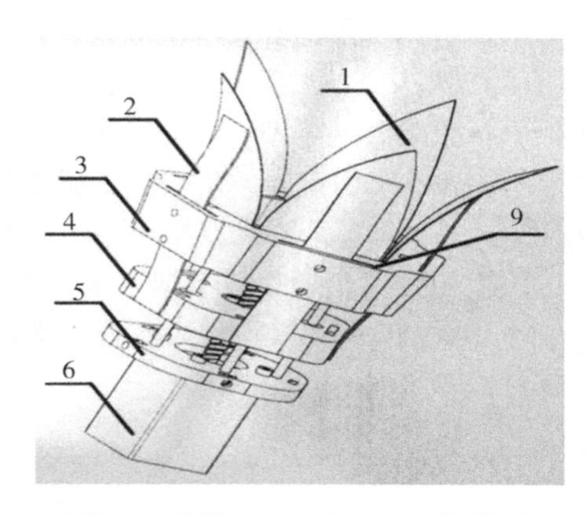

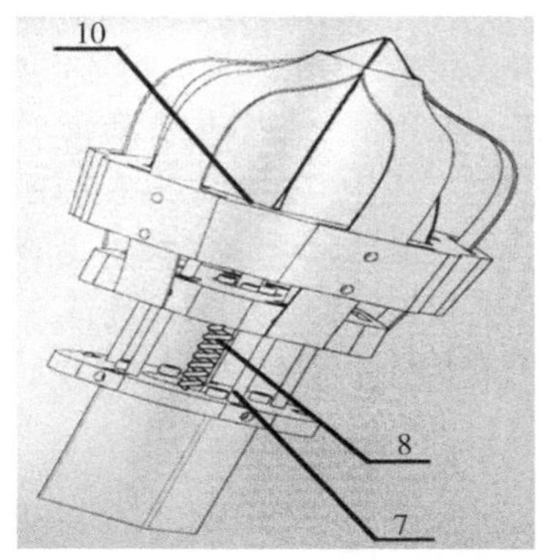

1—内梁；2—外梁；3—上法兰；4—移动滑块；5—下法兰；6—丝杆电机；7—直线导轨；8—丝杆；9—外梁导向槽；10—内梁固定槽。

图 8　采摘执行器创新方案

6　效益评估

以小浆果桑椹为例，果实越成熟，切断果柄所需的力量就越小，适宜采用拉拽果柄的方法摘取果实。浆果采摘步骤如下所示。第一步是用机器视觉确认浆果的位置，第二步用爪头去包络浆果，当浆果位于机械爪的包络腔中心时，通过丝杆电机控制变形内梁和变形外梁向内弯曲，使柔顺并联指（即机械爪）闭合以夹持果柄，再通过拉拽使浆果与母枝分离。在果实采摘过程的步骤二中可能出现三种机械爪与果实的接触状态。理想的情况是第一种，在闭合过程中，通过柔顺并联指拉拽果柄，果实与机械爪内部无接触，从而实现无损采摘（图 9A）；而第二种接触状态是采摘中并联指触碰果柄使果实提前脱落，果实落入包络腔中，靠自重与机械爪内侧接触的弱接触状态（图 9B）；第三种是当果实成熟度较低，果柄分离力较大，在拉拽果柄过程中，柔顺并联指与果柄产生滑动，使果实表面与柔顺并联指内侧产生强接触拉拽接触状态（图 9C）。第一种状态果实与机械爪无接触，因此无接触力，所以不损伤果实；而第二种靠自重接触的接触力主要与接触点和接触角度有关，尽管接触，但属于弱接触，因而不会损伤果实；第三种状态产生了弹性接触受力，柔性并联指通过优化设计可实现恒定的弹性力，可根据不同采摘果实的特性设置不同的受力阈值以降低对果实的损伤。

随着时间推移，劳动力成本上升也导致种植成本逐年上升。种植小浆果是一个劳动密集型产业，仅收获作业就占到种植成本的 50%以上。为了提高土地利用率和小浆果产量，小浆果种植的间距较小，因此对采摘机械提出小型化的要求。一方面，机器的体积小，可以在过道中移动而不损坏植株；另一方面，灵活的结构设计可以减少树叶和树枝的遮挡等影响。采摘机和机器人都需要将采摘效率和浆果完好率结合起来，将根据实际需求进行改进，逐步接近实际使用。

在国家推进农业自动化的背景下，农业机器人正在逐渐向智能化、机械化、自动化迈进。新型的自动化农业设施必将迎来一轮全新的发展高潮。本文设计的新型小浆果采摘执行器惠民利民，相信不久的将来我国能取得一个又一个里程碑式的科技进步，实现农业生产高效自动化。

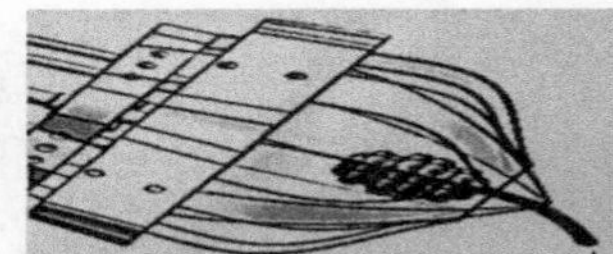

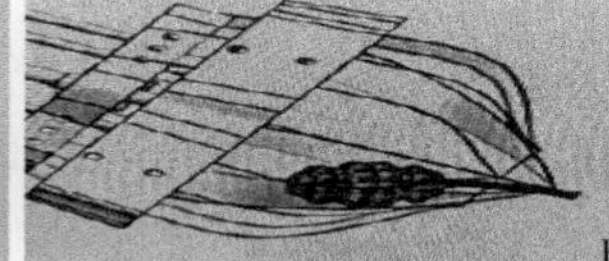

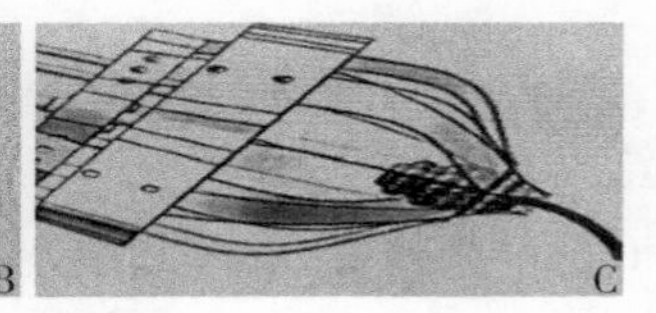

图 9　果实与机械爪三种接触状态

（执笔：郑彩燕　指导：吕建秋）

自适应式轮履复合高地隙再生稻收割机

1 项目背景

再生稻是水稻种植的一种模式，一次播种后可收获两季。第一季稻成熟收获时，只割下稻株上2/3的部位，收取稻穗，保留下面1/3的植株和根系，再度施肥和培育，生长出第二季的稻谷。通常第二季的稻谷颗粒会比第一季小一些，但是稻穗数会比第一季的多（第一季稻穗割完的地方一般会长出两棵以上的穗）。再生稻栽培不需要育秧、移栽等环节，是一项成本低、效率高、管理简单的栽培方式，其生育周期可充分利用光能。再生稻的生长期一般为60~70d，在一般水稻生长地区，若第一季生长周期有余，但第二季生长周期不足，可在第一季水稻收获后种植再生稻以充分利用资源。

目前，我国西南地区大力推广种植再生稻，现今常用的再生稻收割方式为人工收割第一季配合履带收割机收获再生稻，或者全部都由履带收割机收获。前者人工成本高，而后者在使用现有收割机时容易损害再生稻。为节省人力成本，推广再生稻的种植，需要推广一种在第一季收割时，对作物伤害小的收割机，降低再生稻的损伤率，以获得更好的经济效益。

研究表明，再生稻收割机收割时履带对稻株根部的碾压、收获机具对稻秆的碾压、再生稻生长区域的土壤含水量、再生稻的留桩高度等因素，对第二季再生稻的生长和收获具有综合影响。

现有的再生稻收割机底盘多为一季稻收割机改造而来，其收割模式不注重第二季生产，存在留桩低、底盘过低导致碾压再生稻稻秆等问题。再者，由于履带宽度问题，收割机在正常行进过程中、掉头转向及收获大量稻谷负重行进时，对再生稻生长区域会产生不同程度的碾压，造成再生稻减产。有研究指出，再生稻收割机在第一季收获时，由于土地湿软、土壤含水率较高等问题，收割机碾压和土地沉陷的问题会进一步凸显，且底盘过低，收割机具及底盘对再生稻的压折也是导致第二季再生稻减产的原因。具体而言，现有的收割机主要缺点有以下两点，一是机具自重较大，碾压率高，目前市面上大部分的履带收割机都是35~55cm宽的履带，第一季收割碾压率高达40%以上；二是地隙较低，作物较高的情况下，机身容易压倒作物，折断茎秆，造成再生稻的倒伏，对下一季的生产与收获不利。

近年来，我国大力推进农业现代化建设，其中一项重要内容就是推动农业机械化发展，机械化有助于提高农业生产效率，提高农业产量，降低农民的劳动强度。对再生稻收割机的优化与设计，能在机械化的基础上优化机械使用效率及合理性，同时保障再生稻第二季的产量及减少收割时对土壤的破坏，实现保护性耕作。

2　问题描述

2.1　问题的初始情景和系统工作原理

技术系统功能：收割第一季/第二季再生稻，并同时完成输送、脱粒、清洗、仓储等工序。

工作原理：自适应式轮履复合再生稻收割机，包括底盘、收割装置、输送装置、脱粒装置、仓储箱体等结构。通过两侧履带作为行进动力源，前置从动轮为转向轮。在稻田行进时通过旋转收割装置，完成对再生稻的收割，并通过限制机具高度在头季时保留第二季稻桩。通过输送装置运输收割完的稻穗至脱粒装置完成脱粒，再经过清洗装置除杂后送入仓储箱内，完成一体式收割。

收割工作时，应按照再生稻再生的条件，保留一定高度下的腋芽作为第二季稻的生长基础。故收割高度不同于传统收割机，需要对收割高度做出限制，保留不低于1/3高度的稻秆。

行进时应保证前转向水田轮和后履带下陷深度在合理范围内，并减少对两侧稻秆的挤压或碾压，防止再生稻发生倒伏。

2.2　系统当前存在的主要问题

第一季收获时，由于土地条件导致收割机下陷，以及收割机自身高度、机具自身高度的问题，对收割后再生稻稻秆的碾压，造成倒伏、折断等现象，导

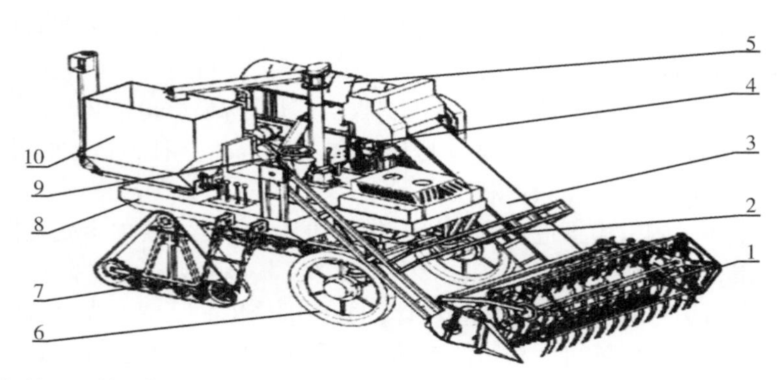

1—机具；2—输送装置；3—脱粒装置；4—清选装置；5—谷粒输送组件；6—窄轮；7—履带轮；8—控制台；9—驾驶台；10—粮仓。

图1　技术系统示意

致再生稻减产。

现有履带宽度过宽，在行进过程中容易对再生稻造成碾压，使再生稻产生倒伏或直接被碾入土中，导致再生稻减产。

收获时割断并处理完的稻秆散落，对再生稻稻秆产生了掩盖。

2.3　当前问题主要的出现情况

收割机自身高度和收割机具位置过低，收割时或是收割后通过时压倒余下的再生稻稻秆，导致再生稻减产。

履带宽度过宽，在行进时或掉头转向时，对田垄产生碾压，使再生稻减产。

2.4　初步思路

针对再生稻收割机在收割前后压倒、压折稻秆问题，从优化底盘高度、调节机具高度的方面考虑，设计一种能自适应调节机具高度的装置，在保留第二季稻生长所需的稻秆长度前提下，完成对第一季稻的收获。

对于履带轮宽度过宽的问题，直接减小履带轮的宽度，从物理上会导致收割机对地压强增大，加剧收割机陷入田地、高度降低的问题。故在保证压强在允许范围内的条件下，设计一种能自适应调节履带接地宽度，且保证接地面积相仿的可变式履带轮。

2.5 拟解决的关键问题

（1）履带轮碾压再生稻的问题。

（2）收割机具压折再生稻稻秆的问题。

2.6 对新技术系统的要求

新的收割机在运作时，应尽量避免收割机具对再生稻稻秆造成压折的现象，并且在收割机行进时，保证履带尽量不压迫田垄及再生稻生长区域。

2.7 技术系统的 IFR

完成第一季收获的同时，保护再生稻及其生长区域。

3 问题分析

3.1 IFR 法

收割机的改进：收割机在行进过程中会压坏再生稻，履带过窄会对田地及再生稻造成损伤。该问题怎么解决？

设计的最终目的：对再生稻和田地的综合损害最小。

IFR：完成第一季收获的同时，保护再生稻及其生长区域。

达到 IFR 的障碍：履带会碾压作物、压坏田地。

为了消除障碍，可以利用的资源：改变履带的宽度或采用其他的行进方式；根据作物平均高度调整机具高度。

在其他领域的解决办法：类似 CVT（无级变速器）改变链条作用宽度/自适应悬架调节。

解决方案：设计实时可变宽度履带行进装置、实时轮距调节转向装置、实时机具高度调整装置。

3.2 系统功能分析

再生稻收割机的系统功能分析结果如图 2 所示。

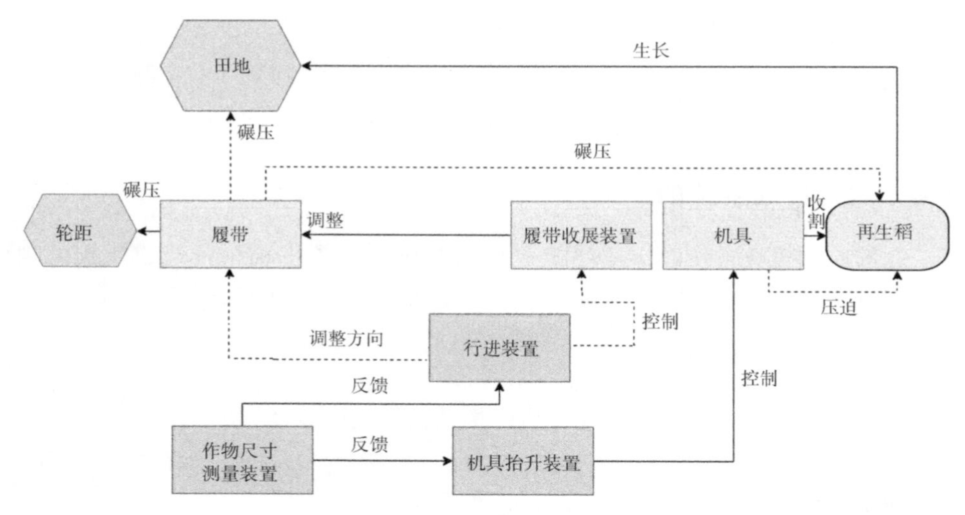

图 2　再生稻收割机的系统功能分析

3.3　系统裁剪

采用裁剪法对上述构想的产品进行精简优化。

轮距调整装置：根据种植宽度，在收割作业前，通过外部支撑将机械本体架离地面，借助内部传动机构完成轮距的调整。

功能属性：依照种植条件改变轮距。

裁剪实施：改变转向结构，使轮向能独立改变，实现借助行进的动力改变轮距，取消单独为轮距改变服务的传动装置，添加锁止机构。

裁剪原因：依靠轮距调整装置需要在系统运行前调整并固定轮距，无法进行适时调整。利用行进时的动力进行轮距改变可提升系统集成度。

裁剪前后功能转移：将原有轮距调整的专项功能归入底盘操控，并引入机械锁止装置稳定轮距。

裁剪前，轮距调整装置功能是调整底盘轮距；裁剪后，通过调整履带行进方向，使履带对底盘产生拉扯作用，实现底盘宽度延展，最终以锁止机构固定底盘宽度。底盘轮距改变的功能由轮距调整装置改为底盘自身完成。

3.4　因果分析

再生稻收割机的因果分析如图 3 所示。

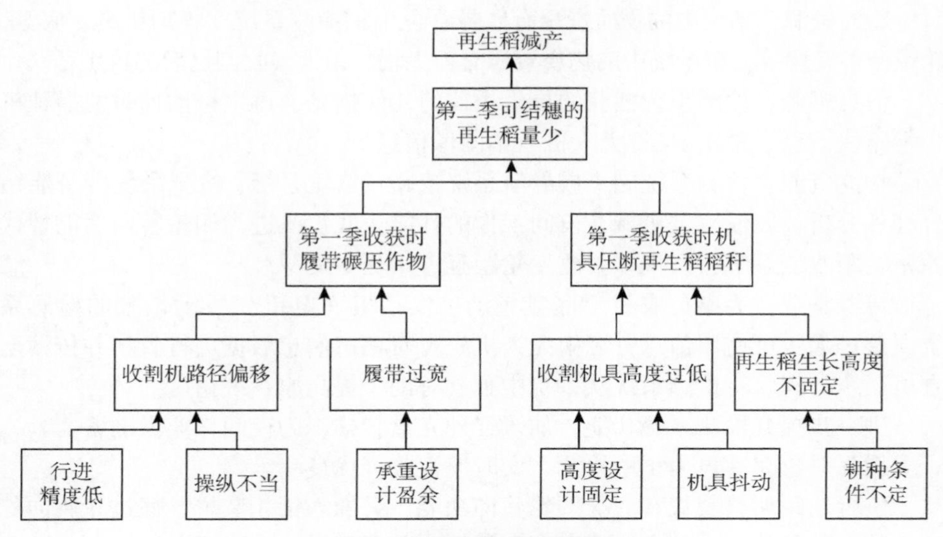

图3 再生稻收割机的因果分析

3.5 资源分析

再生稻收割机的资源分析结果如表1所示。

表1 再生稻收割机的资源分析

项目	技术系统	超系统	子系统
物质	—	田地 再生稻	—
能量	—	—	机具（机械能） 履带（机械能）
信息	收割机路径信息	再生稻生长高度 田地几何参数	机具离地高度 履带宽度
时间	收割机工作前整备 收割机工作中 收割工作结束后	—	—
空间	—	田地三维空间	—
功能	—	—	—

基于对现有再生稻收割机底盘、机具位置的调整，取六大资源中的物质资源、信息资源、空间资源进行分析。

物质资源：系统中的物质资源有履带、再生稻检测系统、收割机具、底盘、轮距调整装置等；超系统中的物质资源有再生稻、田地、收割过后的再生稻。

信息资源：检测系统捕获的再生稻群的几何信息、再生稻播种时的播种机行走路线信息、稻田卫星/无人机航拍图像信息。

功能资源：检测系统能集成导航系统或路径修正系统；检测系统本身能结合红外分析，以便改进机械在夜间工作的性能；底盘改进为四轮转向后能替代原始轮距改变系统，实现即时改变轮距且占用更少资源。

资源整合：为避免农机上底盘晃动、发动机（电机）震动带来的检测系统误差过大，可使用信息资源中无人机先行对稻田信息数据进行收集并传输至农机系统处理。将检测系统从系统中独立有助于提高原系统精度。

进一步提升检测系统功能，加入红外光谱扫描，为夜间作业做准备。

加强对收获后再生稻的检测，实时反馈收割优良率。

整合轮距调整装置和底盘四轮转向功能，另加入锁止装置，通过轮履向外拉扯的力伸长轮距，并在合适宽度利用锁止装置固定，减少了资源投入，优化了多余结构。

4　问题求解

4.1　技术矛盾与创新原理

存在的技术矛盾（表2）：如果减小履带宽度，收割机对地面的压强增大，但是收割机履带碾压再生稻的情况减少。如果增大履带宽度，收割机对地面的压强减小，但是收割机履带碾压再生稻的情况增加。

表2　再生稻收割机存在的技术矛盾

履带宽度	收割机对地压强	碾压再生稻的情况
减小	恶化	改善
增大	改善	恶化

（1）使用创新原理15：动态特性，对问题进行求解。

在改变履带宽度的同时，改变履带接地的长度，使履带接地面积始终保持动态一致，对地压强问题得以解决。

（2）使用创新原理31：多孔材料，对问题进行求解。

为了在履带宽度变化范围内控制收割机对地面的压强，可将收割机中非工作部件、非支撑件换作多孔材料，减轻技术系统总质量，以减小压强。

4.2 物理矛盾和分离方法

物理矛盾定义如下。

参数：履带宽度。

要求 1：履带不能过宽以防碾压再生稻。

要求 2：履带不能太窄以防技术系统对地面压强过大。

利用空间分离原理，在履带宽度变窄/宽时，同时调整履带的接地长度，使接地面积不变，从而保证在减小宽度（减少碾压）的同时，对地面压强维持在同一值，使收割机对田地的损坏和下陷达到最小。

4.3 物场分析和标准解

物场模型的建立如图 4 所示。

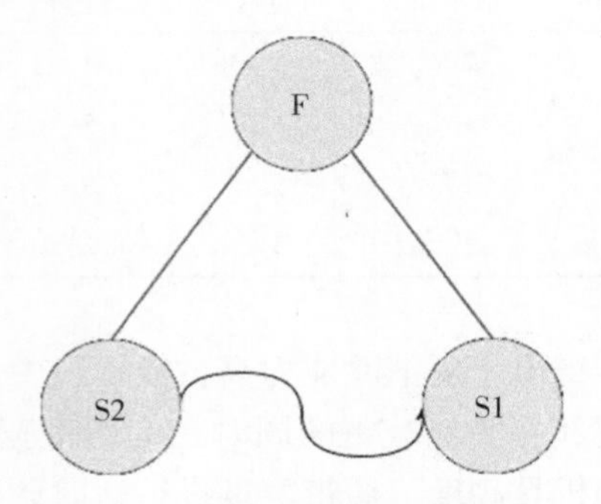

S1—履带；S2—田地；F—机械场。

图 4 物场模型

利用标准解法 19：如果物质场中具有刚性、永久和非永久弹性元件，那么就尝试让系统具有更好的柔韧性、适应性、动态性来改善其效率。

上述物场模型，让履带具有更好的柔韧性、适应性、动态性，具体实施方法为动态改变履带宽度和接地面积，保证技术系统与地面接触时，压强保持不变，而由于宽度动态变化，能减少履带对田垄的碾压，减少履带对田地的损害。

5 方案评估

就再生稻收割机提出了如下改进方案。

由九屏幕法得到方案 1：设计一种带宽可变、接地长度随带宽变化而变化，总体保持接地面积不变的履带式行进机构，满足再生稻收割机在各工况下，接地压力保持在合理范围内。

由 IFR 法得到方案 2：设计一种自动检测再生稻收割前后高度、并基于此数据调整收割机具的高度，保证收割过程中，能保留第二季生长所需的再生稻稻秆长度的同时，不会因压倒稻秆而导致第二季再生稻减产。

由技术矛盾及创新原理得到方案 3：就收割机本身设计，进行非工作部件的减重。

由“S”曲线法则及进化法则得到方案 4：对收割机的使用精度及智能化提出可能性，加入外部信息引导收割机工作（播种机行进路线信息、红外光谱信息、无人机图像等）。

方案评估结果如表 3 所示。

表 3　再生稻收割机的方案评估结果　　单位：分

方案	矛盾消除能力	成本	可行性	安全性	复杂性	合计
方案 1	5	2	4	4	3	18
方案 2	4	3	4	5	4	20
方案 3	5	4	5	5	4	23
方案 4	3	2	3	2	2	12

结合方案 1~3，能得出矛盾消除能力高、成本适中且可行性较高的改进方案，即在收割机非关键部件实施减重的同时，应用带宽可变式履带结合电控、识别系统，对收割机的机具高度、履带宽度进行适时调整，以减少第一季收割时履带对再生稻的碾压和机具对再生稻稻秆的压折情况。

6　效益评估

利用改进方案预计降低第一季再生稻收割时的碾压率在 20%左右，能使第二季再生稻产量提升约 1/3，使种植再生稻地区粮食总产量得到有效提升。

（执笔：黄昱燊　指导：吕建秋）

风机中置的切段式甘蔗联合收割机

1 项目背景

甘蔗是全球第一大糖料作物，是我国重要的糖料来源。我国是一个甘蔗种植大国，2019 年我国甘蔗种植面积约 138.2 万 hm^2。甘蔗的主要产地集中在南方，如广东、广西、海南、云南等省份，这些地区甘蔗种植密度大，种植总面积约占全国甘蔗种植面积的 95%。

随着甘蔗种植面积的扩大和种植的规范化和标准化要求不断提高，使用机械管理甘蔗地的需求日益增加。机械化作为现代农业发展过程的重点之一，能优化农业产业结构，推动农业现代化和智能化。甘蔗在食用和医用领域均有较大的经济价值，受到了广泛关注，因此，非常有必要把农业机械化与甘蔗产业相结合。但是，根据现有的甘蔗机械状况可知，二者结合的效果并不显著。主要原因是我国对甘蔗产业机械化的研究力度不大，机械大多还停留在半自动程度，一些工作强度大、季节性强和标准化要求高的环节没有很好地实现机械化及自动化。为了提高甘蔗的生产效率，必须提高机械化水平，尤其是在收割作业环节，这个环节需要大量劳动力，生产效率低、劳动强度大等痛点限制了甘蔗产业的发展。本项目介绍的风机中置的切段式甘蔗联合收割机主要用于甘蔗收割，解决传统切断式甘蔗收割机收割含杂率高、切断损失大的问题，从而提高效率，降低成本。

国内制糖业对机械化收获的甘蔗含杂率要求不超过 5%，一些甘蔗种植地区的统计数据表明，切段式联合收割机收获的甘蔗含杂率普遍超过 6%。国外的切段式主流的甘蔗收割机 CASE7000 收获的甘蔗含杂率为 7%，损失率为 7%~10%，如此高的含杂率是中国糖厂和种植甘蔗的农民难以接受的。

随着甘蔗产业化发展和规范化管理的要求日益提高，甘蔗收割作业一体机就显得尤为重要。目前，在甘蔗收割作业中，机械化、自动化程度不高，大多数作业靠人力完成，使用的机械也多为通用机械，这些机械功能单一。现有的作业机行走采用机械式驱动，换挡频繁，耗时，效率不高，并且机械操纵性、舒适性欠佳，此外还需要人工上机操控，增加了工作人员劳动强度，也对甘蔗收割作业人员的人身安全造成隐患。

2 问题描述

2.1 问题初始情境和系统工作原理

目前的甘蔗收割机械主要有整秆式和切段式两种，切段式对于倒伏状态的甘蔗收获有更高的效率和适应性，成为全球主要的甘蔗机械化收割方式。甘蔗切段式收割机作业时，推倒辊筒将甘蔗推倒，根切器切断倾斜到一定角度的甘蔗，随之喂入辊筒将切断的整条甘蔗喂入输送通道，再经输送滚筒输送至切段装置，切段装置将输送滚筒输送过来的甘蔗切断，切断后的甘蔗段随之被切段刀抛送至风选排杂通道进行除杂作业，完成排杂作业后的甘蔗段落入二级输送装置，由二级输送装置完成甘蔗段提升转运工作，其工作流程如图 1 所示。

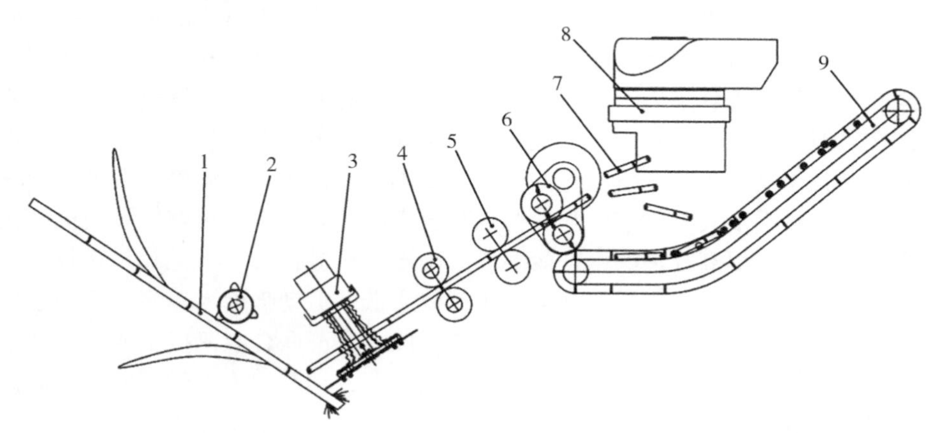

1—甘蔗；2—推倒辊筒；3—根切器；4—喂入辊筒；5—输送滚筒；6—切段装置；7—甘蔗段；8—排杂风机；9—二级输送装置。

图 1　甘蔗在切段式收割机内的流程简图示意

2.2 系统当前存在的主要问题

近几年我国研发的甘蔗收割机存在以下问题：剥叶不完全、甘蔗头损伤率大、含杂率高及排杂效率低等。其中甘蔗段含杂率高会影响糖厂制糖的作业效率、成本和蔗糖质量，因此提高甘蔗收获机的除杂率是设备研制的重中之重。

2.3 当前主要问题出现的情况

根据切段式甘蔗联合收割机在田间的试验观察到，切段刀片抛出的甘蔗段与排杂风机内外壁和风扇扇叶碰撞导致排杂效果不好、甘蔗段易破损，导致整体收获质量降低。因此，要探究切段装置与排杂风机的位置关系，以达到降低甘蔗含杂率的效果。

2.4 初步思路或类似问题的解决方案及存在的缺陷

在二级输送装置前，增加一个清选风机，进一步除去杂质，提高设备的除杂效果。可能存在的缺陷：二级清选风机摆放的位置影响二级除杂的效果，需要在试验中不断优化。

2.5 拟解决的关键问题

二级清选风机的位置、角度、功率和出风量的选择。

2.6 对新技术系统的要求

新加入的二级清选系统需要与一级清选系统相辅相成，在不影响一级清选系统的前提下，能将收获的甘蔗进一步除杂，不干扰二级输送。

2.7 技术系统的 IFR

对于风机中置的切段式甘蔗联合收割机而言，其 IFR 可能包括以下方面。

高效率：理想的最终结果是实现更高的收割效率，以提高甘蔗的收割速度和产量。例如，可以通过改进切割系统、输送系统和收集系统等来提高机器的效率。

低能耗：理想的最终结果是实现更低的能耗，以减少机器的使用成本和对环境的影响。例如，可以通过使用更先进的动力系统、优化传动系统等来降低机器的能耗。

高可靠性：理想的最终结果是实现更高的可靠性，以减少机器故障和维护成本。例如，可以通过改进控制系统、提高机器的耐久性等来提高机器的可靠性。

高安全性：理想的最终结果是实现更高的安全性，以保障操作人员的生命和财产安全。例如，可以通过改进切割系统、控制系统和安全防护装置等来提高机器的安全性。

易维护：理想的最终结果是实现更易维护，以降低机器的维护成本，提高机器的使用寿命。例如，可以通过改进机器的结构设计、使用易于获取的零部件等来提高机器的易维护性。

3 问题分析

3.1 九屏幕法

通过九屏幕法（图2），得出了切段式甘蔗联合收割机的未来形态是智能甘蔗联合收割机；其子系统风选排杂风机的未来形态是自动感应风选排杂风机。

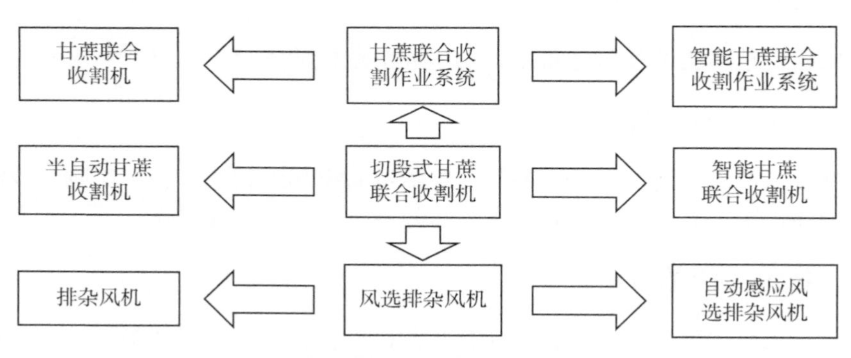

图2　甘蔗收割机问题分析（九屏幕法）

3.2 IFR法

甘蔗联合收割机的改进：收割机收获的甘蔗含杂率较高，如何解决？

设计的最终目的：得到无杂质的甘蔗。

IFR：收割机收割到无杂质的甘蔗。

达到IFR的障碍：收割机排杂效率低。

为了消除障碍，可以利用的资源：增加一个二次风选排杂风机。

由IFR法得到给甘蔗联合收割机增加一个二次风选排杂风机的方案。

3.3 系统功能分析

甘蔗收割的系统功能分析结果如图 3 所示。

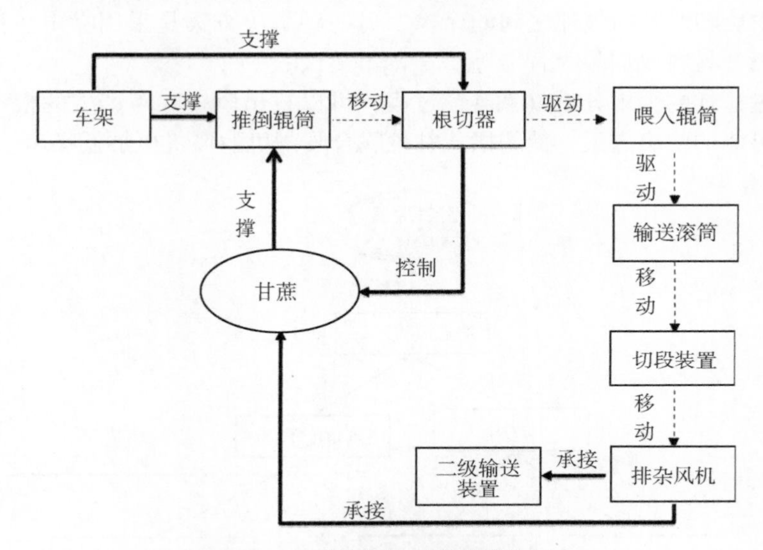

图 3 甘蔗收割的系统功能分析

3.4 系统裁剪

切割系统是收割机的核心部分，但是可能存在一些不必要的切割组件或部件，如重复的切割刀片，这些部件可能会增加机器的生产成本和复杂性，同时也会影响机器的性能和效率。通过对这些不必要的部分进行裁剪，可以简化切割系统，降低机器的生产成本和维护难度，并提高机器的效率和性能。

控制系统是控制机器运行的重要组件，但是可能存在一些不必要的控制组件或部件，如复杂的控制逻辑或过多的传感器，这些部件可能会增加机器的成本和复杂性，同时也会影响机器的效率和性能。通过对这些不必要的部分进行裁剪，可以简化控制系统，降低机器的生产成本和维护难度，并提高机器的效率和性能。

3.5 因果分析

可以将问题描述为“风机噪声大，影响使用体验”，然后采用因果分析的思想，找出导致该问题的根本原因。在这个过程中，可以应用 TRIZ 提供的工具进行分析，可以发现风机噪声大的原因是旋转叶片与气流之间的摩擦，从而产生噪声。

因此，需要采取一些措施来降低噪声。一种解决方案是改变风机的结构设计，减少旋转叶片与气流之间的摩擦。另一种解决方案是采用噪声防护措施，如采用隔音材料或加装吸音器等。

通过这样的因果分析（图4）过程，可以找出风机噪声产生的根本原因，并探索可能的解决方案，使切段式甘蔗联合收割机的风机更加低噪声、高效。

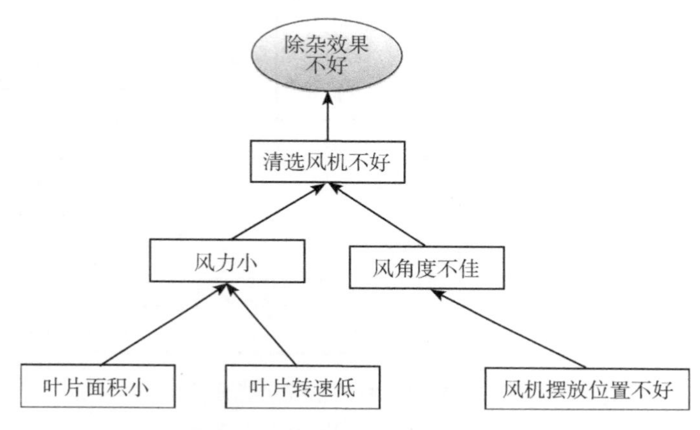

图4　除杂效果不好的因果分析

3.6　资源分析

甘蔗联合收割机的资源分析结果如表1所示。

表1　甘蔗联合收割机的资源分析

项目	技术系统	子系统	超系统
物质资源	金属、塑料	机械部件、结构框架	制造和加工产业
能量资源	发动机、传动系统	发动机燃烧、能量传输	能源供应和管理体系
信息资源	传感器、控制器、计算机	数据采集、处理、传输、分析	信息化产业和数字化经济体系
时间资源	运动部件、机构	部件之间的时间关系和运动规律	时间管理和优化系统
空间资源	各个部件的三维空间位置、布局	不同部件之间的空间协调和相互作用	空间利用管理
功能资源	功能模块和部件	功能模块和部件之间的协同作用	产业生态系统

4 问题求解

4.1 技术矛盾和创新原理

在矛盾矩阵中查找，可能会找到如下的创新原理：增加前置条件、局部品质、中介，减少长度或体积、随机性。

根据创新原理，可以提出以下解决方法。

方法1：采用调速器，根据甘蔗生长情况和割取情况来调整风机风量，以实现风量和效率的平衡，同时控制风机功耗和噪声。

方法2：增加风机前置条件，如在风机进口处增加导流板等结构，改变气流进入方向和速度，增加风机风量，同时降低噪声和功耗。

方法3：在风机出口处增加中介，如增加风扇或减震装置，减少风机噪声，同时保持风量和效率不变。

4.2 物理矛盾和分离方法

第一步：定义物理矛盾。

参数：风机叶片长度。

要求1：需要更长的叶片以增加风量。

要求2：需要更短的叶片以减小空间占用。

第二步：如果想实现技术系统的理想化状态，这个参数的不同要求应该在什么时间得以实现？

时间1：需要更长的叶片在运行时实现。

时间2：需要更短的叶片在停机时实现。

第三步：以上两个时间段是否交叉？

不交叉，因为在风机运行时很难缩短叶片长度。

一种方案：采用“空间分离”，将风机叶片分为两部分，在不同的时间段内分别使用。例如，可以在风机运行时使用长叶片，在停机时将其收缩为短叶片，以减小空间占用。

另一种方案：采用“时间分离”，在风机运行时使用一个机械装置，将叶片长度从长变短，以减小空间占用。当风机停机时，机械装置将叶片长度恢复到原来的长度。

4.3 物场分析和标准解

物场分析和标准解如图5所示。

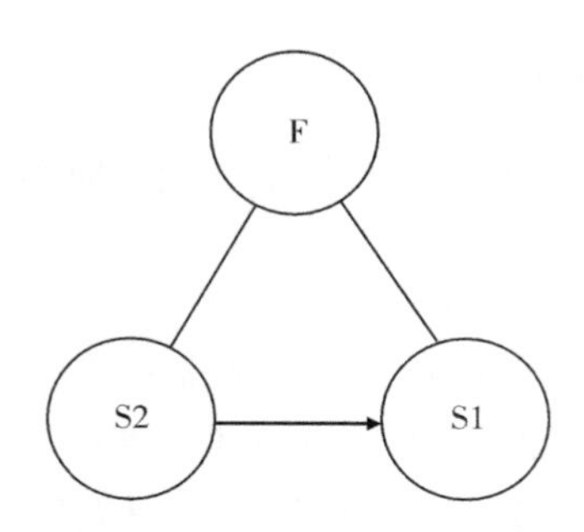

S1—二级风选排杂风机；S2—甘蔗收割机；F—机械场。

图5 物场分析

5 方案评估

方案1：在二级输送装置前，增加一个清选风机，进一步除去杂质，提高设备的除杂效果。

方案2：采用调速器，根据甘蔗生长情况和割取情况来调整风机风量，以实现风量和效率的平衡，同时控制风机功耗和噪声。

方案3：增加风机前置条件，如在风机进口处增加导流板等结构，改变气流进入方向和速度，增加风机风量，同时降低噪声和功耗。

方案4：在风机出口处增加中介，如增加风扇或减震装置，减少风机噪声，同时保持风量和效率不变。

方案5：采用“空间分离”，将风机叶片分为两部分，在不同的时间段内分别使用。例如，可以在风机运行时使用长叶片，在停机时将其收缩为短叶片，以减小空间占用。

方案6：采用“时间分离”，在风机运行时使用一个机械装置，将叶片长度从长变短，以减小空间占用。当风机停机时，机械装置将叶片长度恢复到原来的长度。

甘蔗联合收割机的方案评估结果如表2所示。

表 2　甘蔗联合收割机的方案评估结果　　单位：分

方案	消除矛盾	成本	可行性	安全性	复杂性	总分
方案 1	9	7	8	8	6	38
方案 2	8	8	9	9	7	41
方案 3	7	6	7	7	6	33
方案 4	6	7	7	8	6	34
方案 5	7	8	7	7	8	37
方案 6	6	7	6	6	8	33

6　效益评估

切段式甘蔗联合收割机在经济效益、社会效益和生态效益方面都可能有深远的影响。从经济效益来看，该机器可以提高农业生产效率和产品质量，降低生产成本和劳动强度，促进农村经济发展和农民收入增加。同时，它也有可能改变市场竞争格局和产业链条，影响相关企业和供应链的利润和发展。从社会效益来看，该机器可以改善农民劳动条件和生活质量，提高社会生产效率和资源利用效率，但是也可能带来失业和职业结构调整等社会问题。从生态效益来看，该机器可以减少对土地、水资源和生态环境的破坏和污染，保护生态系统和生物多样性，但是也可能带来新的生态问题和挑战。因此，需要综合考虑和平衡各个因素，制定合理的政策和管理措施，以实现可持续发展和共赢。

（执笔：朱克富　指导：吕建秋）

TRIZ 理论在逆流冷却干燥机分料系统改进过程中的应用

1 项目背景

TRIZ 的中文解释是“发明问题解决理论”，字面意思可以理解为解决实际问题，特别是发明问题的理论；但隐含的意思是由解决发明问题而最终实现（技术和管理）创新。它以哲学思想为指导，以专利分析为理论来源，以系统科学（特别是思维科学）为支撑，以技术进化法则为理论基础，有基本概念、各类问题分析、问题求解工具和解题流程，是一个比较完整并不断发展着的理论体系。运用 TRIZ 理论，可大大加快人们创造发明的进程，而且能得到高质量的创新产品。

逆流冷却干燥机是新型的颗粒物料干燥冷却设备，主要用于残留水分高的膨化物料和颗粒物料的干燥冷却，适用颗粒直径为 1.5～8mm。另外，也可用于有机复合肥料、谷物等其他颗粒物料的干燥冷却。

逆流冷却干燥机分料系统主要有分料盘、减速机、万向联轴器、驱动电机、立轴、料耙等工作部件。当箱体面积比较大的时候，布料不均匀；料耙被物料埋没时，会造成减速电机损坏。因此，利用 TRIZ 创新理论中的问题分析方法，对逆流冷却干燥机分料系统问题进行全面的资源分析和因果分析，从而找到可行的工程技术问题解决方案。

2 问题分析

2.1 工况介绍

逆流冷却干燥机对物料进行冷却干燥，经加热后空气从机器底部进入，向上穿过物料层，从顶部排出，热物料从机器上部进入，底部排出，由于物料与空气之间存在温度差和湿度差，两者在接触过程中不断进行传热、传质，物料中的水分以水蒸气的形式被空气带走，使物料中的水分不断减少，又由于水分蒸发时要吸收热量，使物料温度不断降低，从而达到冷却和干燥的目的。

物料进入逆流冷却干燥机，形成物料层的过程，是利用驱动电机通过万向轴把动力传给分料减速机，分料减速机再带动分料盘和料耙旋转，当物料从上部落下，经过倾斜分料盘滑落到箱体底部，再用料耙把物料分布均匀(图 1)。

图 1　逆流冷却干燥机分料系统

2.2　主要问题

逆流冷却干燥机中热风和物料直接接触，传热、传质效果高，在较短时间内即可达到冷却干燥效果，因此处理大量物料时，多采用逆流冷却干燥机。但是要处理大量的物料，干燥机箱体面积就要相应增大，单位时间内落料量增加，分料盘不能均匀地分料，导致物料在一些地方堆积，埋没料耙，阻挡料耙正常旋转，最终致使减速电机损坏（图 2）。

2.3　待解决的问题

将分料盘及料耙的形式改进，使分料均匀，减速机（整机）寿命延长。当干燥机箱体面积很大时，仍然能够比较均匀地分料，并且可以有效考虑到箱体拆卸、运输、装配。

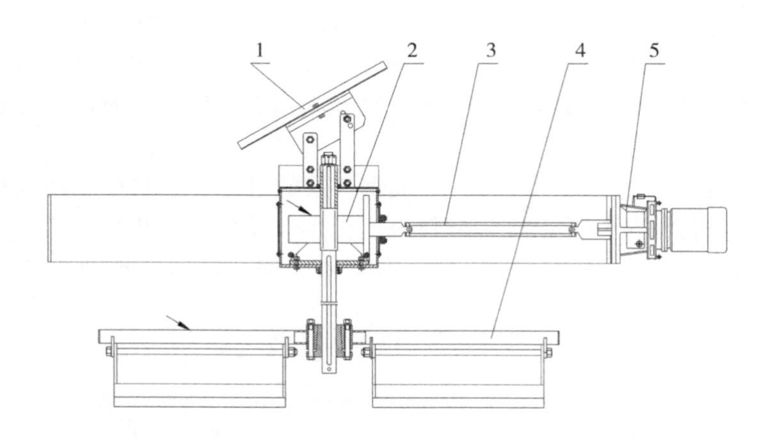

1—分料盘；2—分料减速机；3—万向轴；4—料耙；5—驱动电机。

图 2　逆流冷却干燥机分料系统工作时主要问题示意

3　问题求解

3.1　构建技术系统组件模型

将逆流冷却干燥机分料系统作为技术系统，并根据技术系统组件的层次构建组件模型，如图 3 所示。

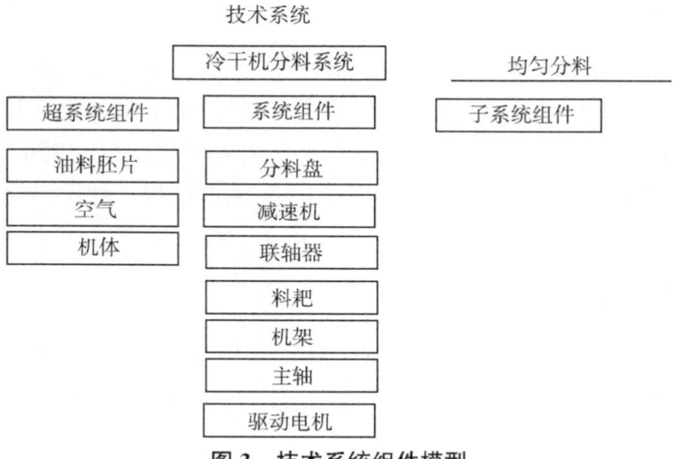

图 3　技术系统组件模型

3.2 系统功能分析

对逆流冷却干燥机分料系统进行系统功能分析（图 4），驱动电机通过万向轴把动力传给分料减速机，分料减速机再带动分料盘和料耙旋转，当物料从上部落下，经过倾斜分料盘滑落到箱体底部，再用料耙将物料分布均匀。

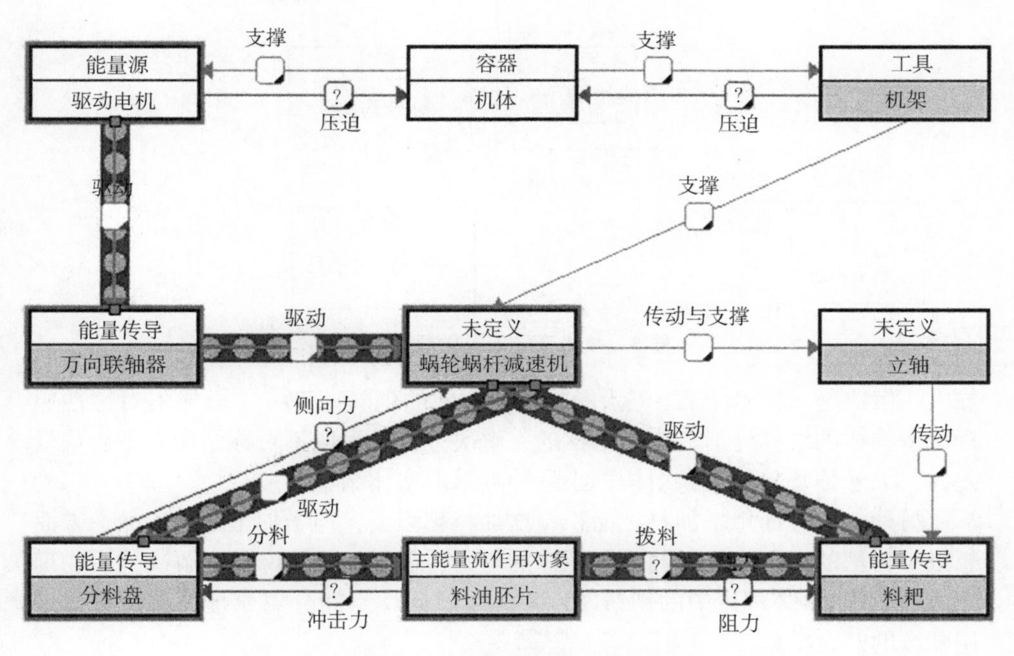

图 4　技术系统功能分析

3.3 根本原因分析

对简化后的逆流冷却干燥机分料技术系统应用三轴分析法进行因果轴分析（图 5），对当箱体面积比较大出现布料不均匀导致料耙被物料埋没的情况，由减速电机损坏的现象进行因果关系倒推，得出根本原因，从而发现并确定解决问题的入手点：分料盘及料耙形式的改进。

3.4 技术矛盾与物理矛盾

通过上述根本原因分析发现，分料不均匀是由于分料盘尺寸小，解决办法是增加分料盘尺寸，使分料盘布料面积增大，但是会使分料盘重量增加，负荷

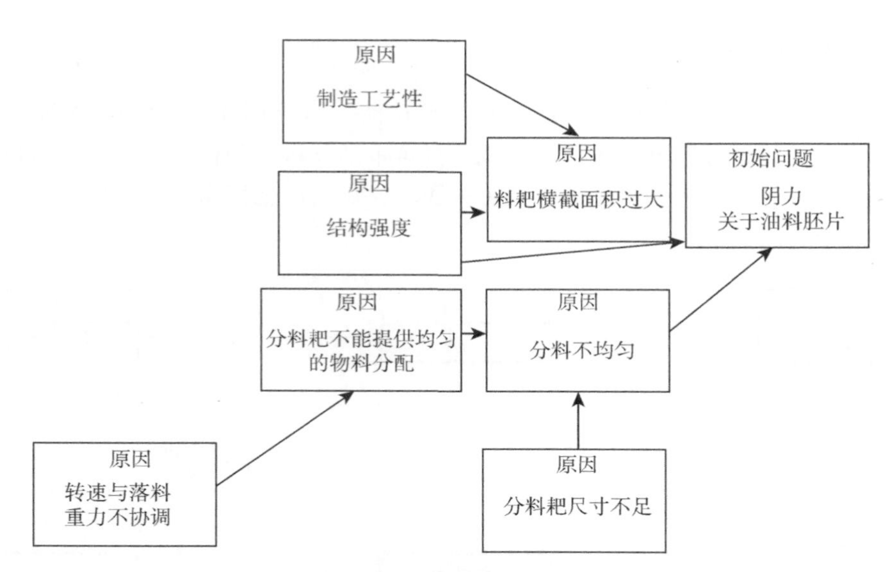

图 5 技术系统因果轴分析示意

加大。解决这一技术矛盾，应用 TRIZ 理论中的创新原理——增加不对称性原理，将物体的对称外形变为不对称的，解决方案是采取不对称结构来平衡重量差异，大悬伸端采取框架结构，小悬伸端采取实体结构。

另外，一方面想增加料耙面积以增加料耙强度，但增加了阻力；另一方面想减少料耙的面积以降低与油料胚片的阻力，但料耙强度降低。解决这一物理矛盾，应用 TRIZ 理论中的创新原理——矛盾属性空间分离原理，解决方案采用断续的凸台结构。

4 解决方案

4.1 备选方案

备选方案 1：增大分料盘的尺寸，大悬伸端采取框架结构，小悬伸端采取实体结构，如图 6 所示。

备选方案 2：分料耙结构优化，采用断续的凸台结构，如图 7 所示。

4.2 最终方案

将 2 个备选方案综合起来使用，一方面增大分料盘的尺寸，大悬伸端采取

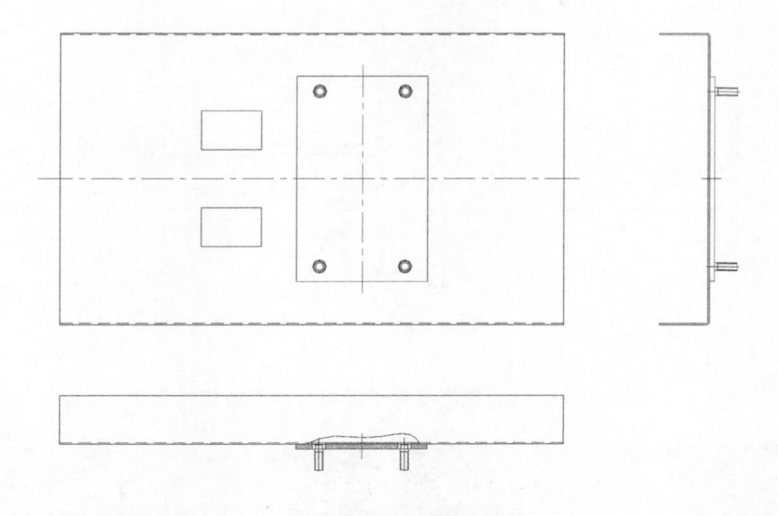

图 6　备选方案 1

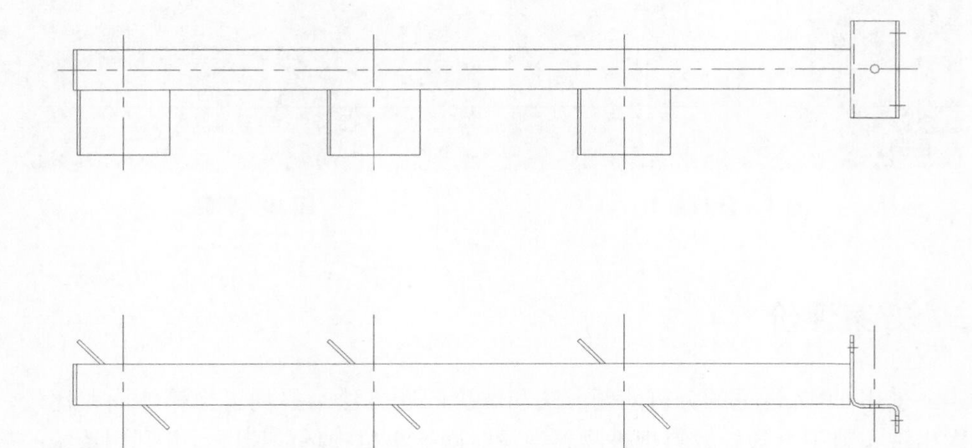

图 7　备选方案 2

框架结构，小悬伸端采取实体结构；另一方面料耙采用断续的凸台结构，达到了较好的效果，如图 8 至图 10 所示。

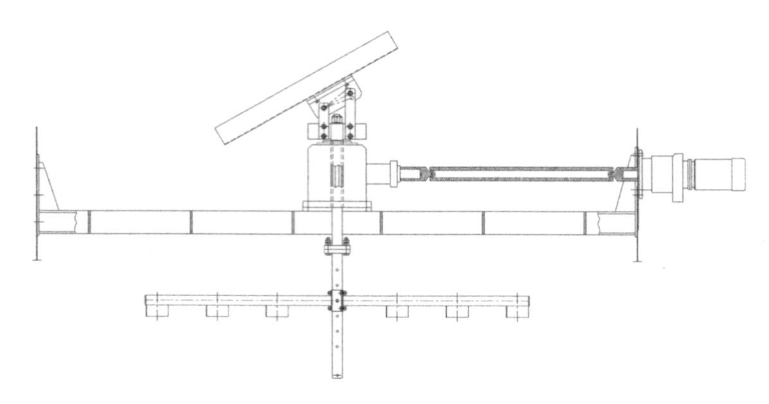

图 8　改进后的逆流冷却干燥机分料系统结构示意

图 9　分料盘

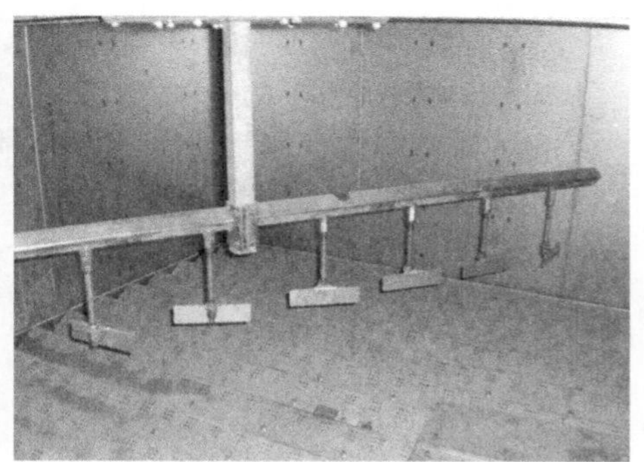

图 10　料耙

5　方案评价

采用 TRIZ 理论的分析问题方法和解决问题方法，找到了当箱体面积比较大出现布料不均匀导致料耙被物料埋没时减速电机损坏的原因，并利用系统的资源，采用增加不对称性原理、矛盾属性空间分离原理等，完成了对逆流冷却干燥机分料系统结构的改进。

6　效益评估

逆流冷却干燥机分料系统经过改进后，分料均匀，减速机（整机）寿命延长。当干燥机箱体面积很大时，仍然能够比较均匀地分料，为扩大产量和产品系列化打下了坚实基础，产品型号由 NLG1515 升级为 NLG3035（表 1），广泛应用于残留水分高的膨化物料和颗粒物料的干燥冷却，效益显著。

表 1　逆流冷却干燥机系列

项目	NLG1515	NLG2020	NLG2525	NLG3035
干燥面积/m^2	2. 25	4	6. 25	10. 5
热风温度/℃	30~50			
外形尺寸［（长/mm）×（宽/mm）×（高/mm）］	2 014×1 760×4 895	2 700×2 400×5 710	3 020×2 760×6 100	4 124×3 494×6 230
处理量/（T/D）	300	600	900	1 500
去除物料含水量/%	1~4			
重量/kg	1 710	2 700	3 120	5 710

（执笔：李少华）

基于 TRIZ 的棉秆泥土分离输送装置的改进设计

1 前言

TRIZ，就是“发明问题解决理论”的俄文首字母对应转换为拉丁字母的缩写。TRIZ 理论是由苏联发明家阿奇舒勒在 1946 年创立的，运用 TRIZ 理论，可大大加快人们创造发明的进程而且能得到高质量的创新产品。

棉秆泥土分离输送装置是不分行棉秆拔取收获台的关键工作部件，该装置主要由输送链板、侧向输送链、立辊、侧板、托辊、机架、传动系统等部件组成。整理链板由连接在驱动链条上的“L”形板组成，用于输送棉秆和清理泥土。其主要功能：一是将拔茎辊拔出的棉秆由两端向中间收拢；二是将拔茎辊拔出的棉秆向后输送到喂入口，由喂入链耙耙进喂入槽；三是将拔茎辊掘取的泥土和棉秆根部夹带的泥土与棉秆分离开，从排土口排出。

2 问题分析

2.1 工作原理

棉秆泥土分离输送装置的工作原理如图 1 所示。拔茎辊拔出棉秆抛到输送链板上，同时拔茎辊掘取的泥土和棉秆根部夹带的泥土随棉秆也被抛送到输送链板上。由于棉秆与泥土的比重不同，棉秆支在输送链板的“L”形板条上，而泥土则落入“L”形板条形成的沟槽内。棉秆和泥土在输送链板的带动下向后运动。在侧向输送链、立辊、侧板的共同作用下两侧的棉秆边向后运动边向中间收拢，最后都集中在喂入口前端，由喂入链耙耙进喂入槽。输送链板沟槽内的泥土在链板翻转时自动落下，由排土口落到地面上。

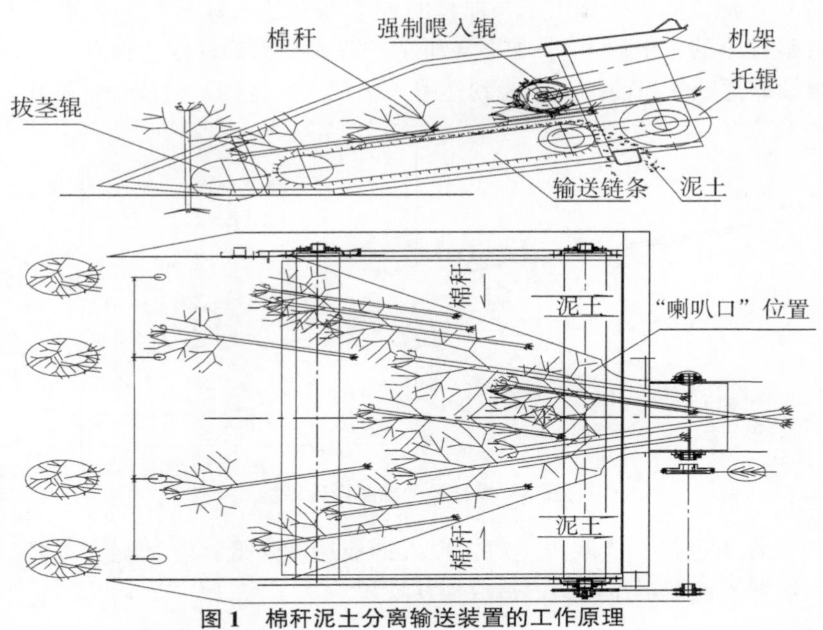

图 1　棉秆泥土分离输送装置的工作原理

2.2　存在的主要问题

在工作过程中棉秆泥土分离输送装置存在的主要问题是棉秆在喂入口前端过度堆积，最后堵塞，导致停机。

（1）棉秆打横，阻挡棉秆继续靠近喂入口前端，不能到达喂入链耙工作范围，造成棉秆过度堆积，如图 2 所示。

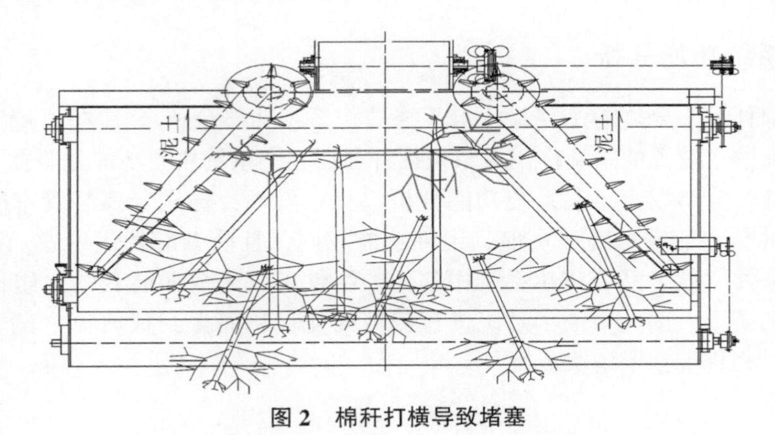

图 2　棉秆打横导致堵塞

（2）在泥土的黏带作用下，棉秆的枝丫塞到喂入链板与凹板形成的道缝隙中（设计中的排土通道），如图3所示，造成整根棉秆停止运动，进而阻挡棉秆继续靠近喂入口前端，不能到达喂入链耙工作范围，造成棉秆堆积。

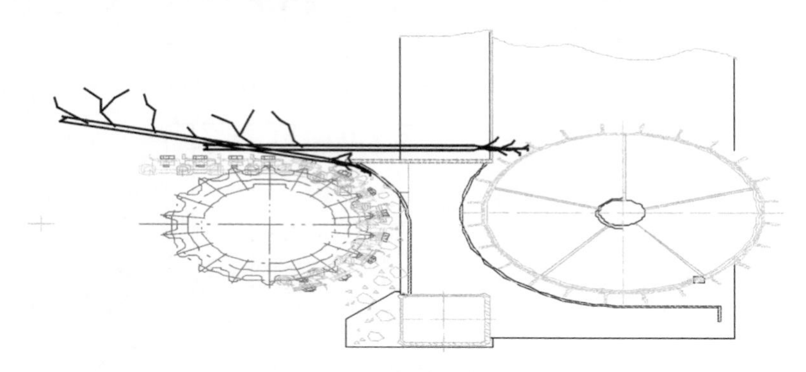

图3　棉秆枝丫黏塞导致堵塞

（3）泥土过多，堵塞排土口，喂入链板速度降低，输送能力下降，棉秆不能到达喂入链耙工作范围，造成棉秆堆积。

3　问题求解

3.1　构建技术系统组件模型

将棉秆泥土分离输送装置作为技术系统，并根据技术系统组件的层次构建组件模型，如图4所示。

3.2　系统功能分析

对棉秆泥土分离输送装置技术系统进行系统功能分析（图5），确定棉秆泥土分离输送装置的系统作用对象是棉秆与泥土，系统主要功能是收拢、输送棉秆，同时分离泥土。在系统功能分析过程中发现，输送分离装置中的“侧板”组件与“侧输送链和立辊”组件功能相同，且前者能替代后者，符合系统简化条件“技术系统或超系统中其他的组件可以完成功能载体（组件）的作用”的要求，因此对技术系统进行裁剪简化，从而得到裁剪掉“侧输送链和立辊”组件的技术解决方案。

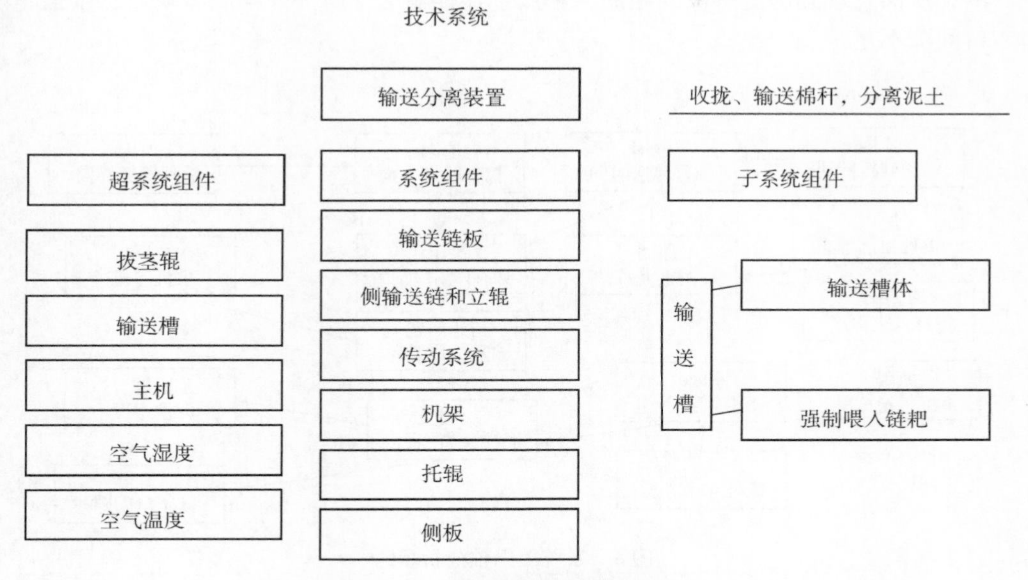

图 4　技术系统组件模型

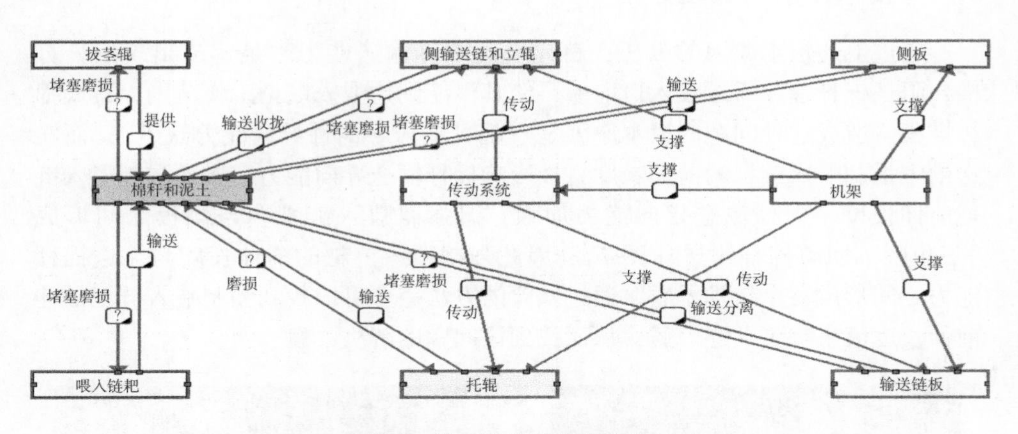

图 5　技术系统功能分析图

3.3　根本原因分析

对简化后的棉秆泥土分离输送装置技术系统应用三轴分析法进行因果轴分析（图 6），对棉秆泥土分离输送装置出现堵塞现象的因果关系倒推出根本原因，从而发现并确定解决问题的入手点：棉秆输送导向件导向能力缺乏；排土口间隙不足。

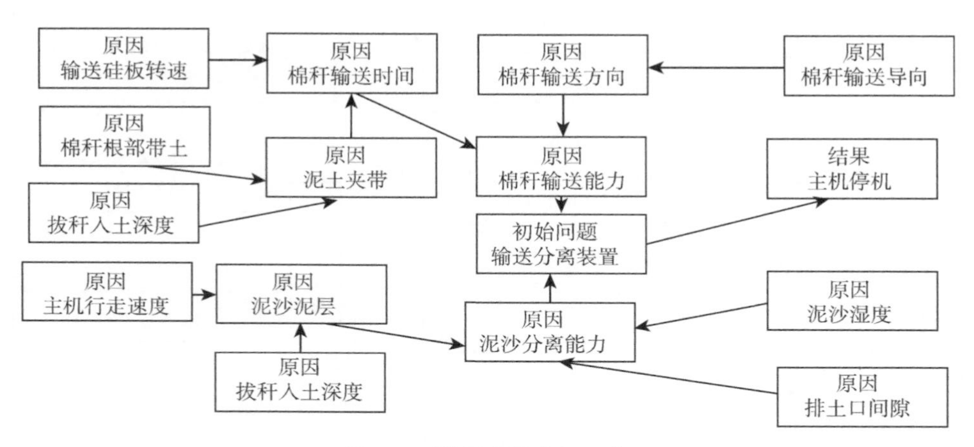

图 6　系统因果轴分析示意

3.4　技术矛盾与物理矛盾

通过上述根本原因的分析，首先发现棉秆输送能力不足容易出现棉秆打横，阻挡棉秆继续靠近喂入口前端，使其不能到达喂入链耙工作范围，造成棉秆堆积。造成这种问题的根本原因是“棉秆输送导向件导向能力缺乏”，而输送槽中强制喂入链耙的前伸长度直接影响棉秆输送导向能力，增加强制喂入链耙前伸长度，棉秆输送导向能力加强，但强制喂入链耙会与侧板之间形成“三角区”阻碍棉秆输送（图 7），因此强制喂入链耙的前伸长度与输送棉秆能力之间形成一个技术矛盾。通过试验的方法完全可以找到强制喂入链耙最佳前伸长度值来解决上述矛盾，从而找到该问题的解决方案。

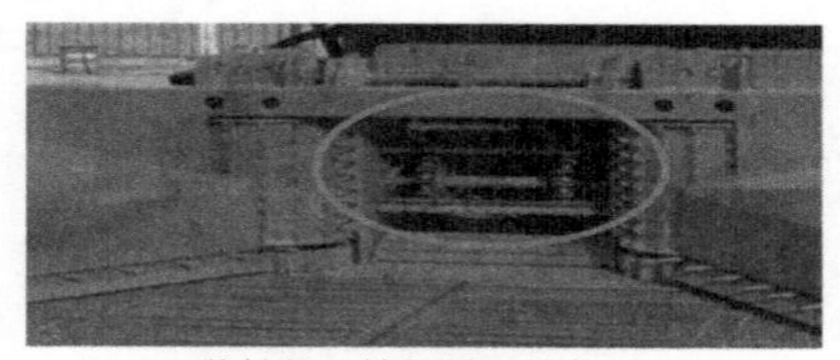

强制喂入链耙原设计位置

前伸后形成“三角区”

图 7　强制喂入链耙前伸后效果对比图

其次，还发现在泥土的黏带作用下，棉秆的枝丫塞到喂入链板与凹板形成的道缝隙中（设计中的排土通道），造成整根棉秆停止运动，进而阻挡棉秆继续前进并最终导致棉秆堆积，造成这种问题的根本原因是原设计的排土通道狭窄。增大排土口，会减少泥土对棉秆枝丫的黏塞，同时也增大了棉秆损失，因此在排土通道大小之间形成一个物理矛盾——“排土能力大，需要加大排土通道；减少棉秆损失，需要减小排土通道”。应用 TRIZ 理论中关于物理矛盾分离方法——条件分离法来解决该物理矛盾，泥土比重大，棉秆比重小；泥土相互间没有粘连，流动性好，棉秆相互间黏连，流动性差。根据上述不同的分离条件制定如下改进方案——去除输送链板与托辊间的凹板及过渡平板，加大排土通道（图 8）。

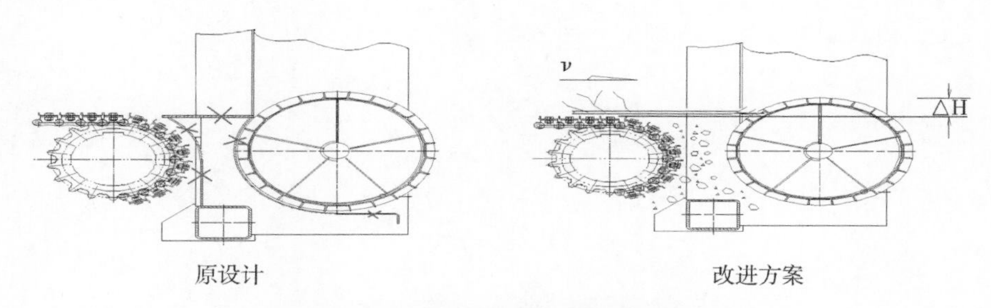

图 8　强制喂入链耙前伸后效果对比图

4　解决方案

综前所述，就棉秆泥土输送分离装置技术系统形成最终改进方案：一是裁剪掉“侧输送链和立辊”组件，用“侧板”组件替代；二是去除输送链板与托辊间的凹板及过渡平板，加大排土通道。方案改进前后对比如图 9 所示。

原设计

改进后

图 9　方案改进对比

5 结论

通过采用 TRIZ 理论的分析问题方法和解决问题方法，找到了棉秆泥土输送分离装置堵塞的根本原因，并利用系统的资源，采用组件裁剪简化、矛盾分离等解决问题的方法，完成了棉秆泥土输送分离装置的结构优化和改进。

（执笔：唐遵峰）

基于 TRIZ 理论的圆草捆打捆机优化改进

1　项目背景

圆草捆打捆机是用来收获禾本科与豆科牧草及水稻、小麦等农作物秸秆的机具，总体结构如图 1 所示，包括缠网装置、机架、辊筒、切割揉碎装置、成捆舱、传动轴、齿轮箱、螺旋输送器、链传动等部件。

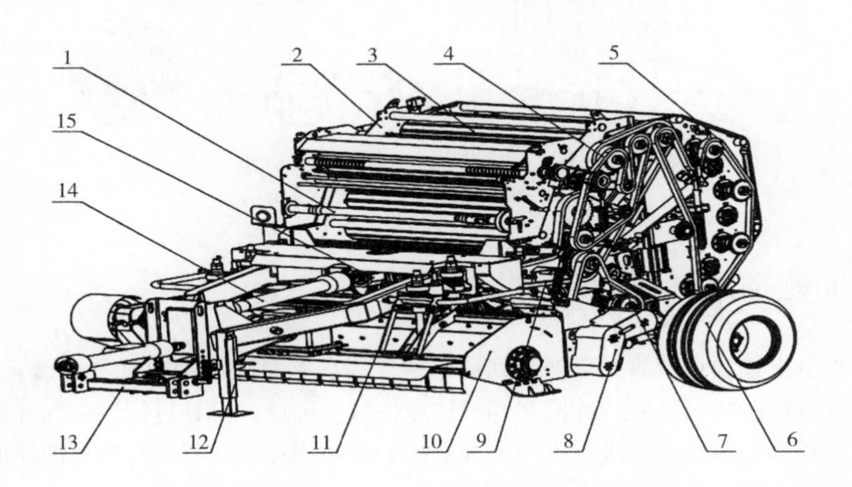

1—缠网架；2—机架；3—辊筒；4—前舱链传动；5—后舱链传动；6—行走轮；7—螺旋输送器链传动；8—螺旋输送器传递装置；9—主传动链；10—切割揉碎装置；11—步梯；12—支撑架；13—牵引架；14—传动轴；15—齿轮箱。

图 1　圆草捆打捆机总体结构

圆草捆打捆机工作时，传动轴、齿轮箱和链传动将拖拉机动力传递到机具各工作部件，随着机具的前进，物料被切割揉碎装置切割、捡拾并抛向螺旋输送器，螺旋输送器推送物料到成捆舱进行草捆卷制，当草捆达到要求密度时，机具停止前进，缠网装置进行缠网作业，缠网作业完成后开启舱门卸捆，关闭舱门后继续前进进行下一个圆草捆的卷制作业，作业过程如图 2 所示。

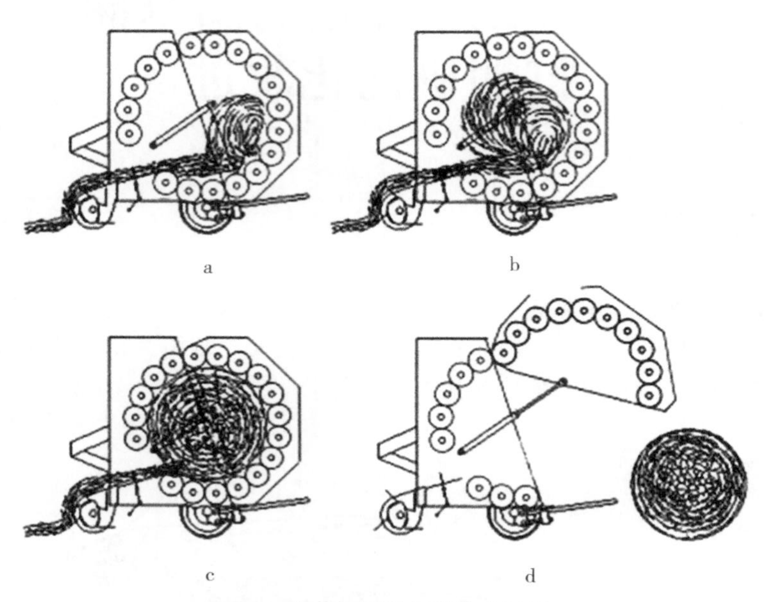

图 2　圆草捆打捆机的作业过程

2　问题描述

根据上述项目背景，草捆达到要求密度后，圆草捆打捆机如果继续前进，会导致成捆舱物料堆积，缠网和卸捆作业失败。因此，机具进行缠网和卸捆作业时需要停止前进，再进行下一个圆草捆的卷制作业。圆草捆打捆机的作业过程不连续会影响作业效率。

3　问题分析

3.1　系统功能分析

系统功能分析是从系统的功能角度来分析系统，用规范化的功能描述方式表述系统组件之间的相互作用关系，形成系统功能模型图。圆草捆打捆机不停机缠网功能模型如图 3 所示。

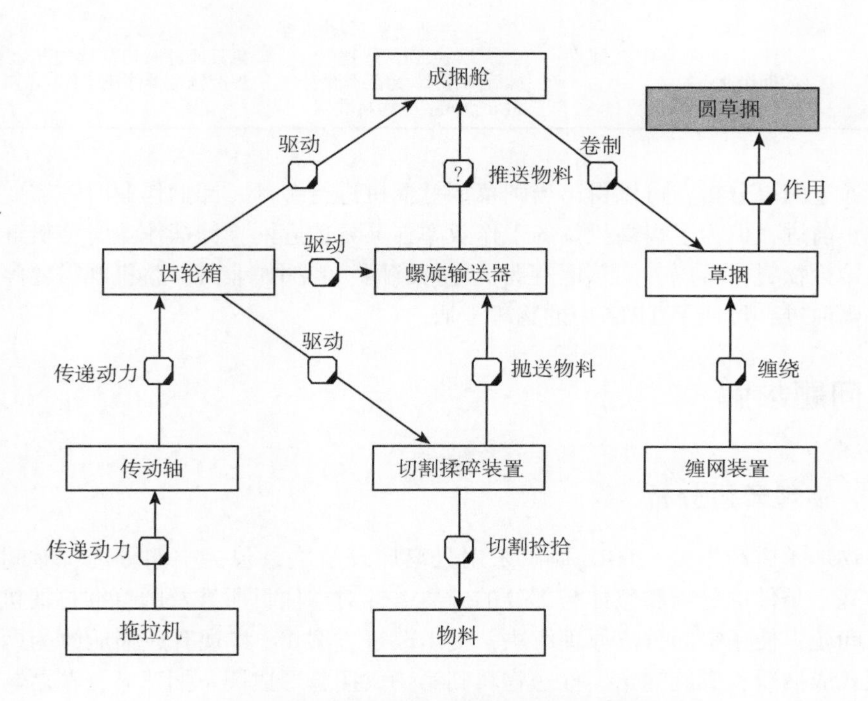

图 3　圆草捆打捆机不停机缠网功能模型

通过功能模型图看出，圆草捆打捆机整机不停止前进进行缠网捆扎和卸捆作业时，螺旋输送器推送物料到成捆舱，会出现物料堆积缠网失败的现象，是有害功能。

3.2　因果分析

因果分析是充分挖掘系统内外部资源，理顺问题产生的原因，分析原因之间的关系，找到根本原因或容易解决的原因，直接或间接提出解决方案。对圆草捆打捆机出现的问题进行因果分析并建立分析研讨（表 1）。

表 1　分析研讨

序号	问题	原因	解决方案
1	缠网、卸捆作业时为什么要停止前进	不停止前进缠网、卸捆作业失败	原地缠网、卸捆作业
2	不停止前进为什么缠网、卸捆作业失败	不停止前进切割揉碎装置会继续捡拾、抛送物料，螺旋输送器会继续推送物料导致成捆舱物料堆积	机具前进时切割揉碎装置和螺旋输送器停止工作

通过因果分析，可以得出当圆草捆打捆机进行缠网、卸捆作业时，需要整机停止前进，但为了提高机具的工作效率，又希望缠网、卸捆作业时整机继续前进捡拾物料。所以，圆草捆打捆机进行缠网、卸捆作业时，整机既需要停止又需要前进，形成了 TRIZ 中的物理矛盾。

4　问题求解

4.1　物理矛盾分析

物理矛盾产生后，TRIZ 提出采用分离原理解决，包括空间分离、时间分离、基于条件的分离和整体与部分的分离。针对本项目所涉及圆草捆打捆机出现的问题，使用空间分离原理解决，提出改进方案 1：将现有成捆舱改为两个钢辊式成捆舱，螺旋输送器推送物料到第一成捆舱形成圆草捆草芯，草芯与随后推送的物料被输送到第二成捆舱进行草捆卷制，草捆密度达到要求值时，完成缠网和卸捆作业。在缠网、卸捆作业时间段内，物料被螺旋输送器推送到第一成捆舱继续形成草芯，往复循环，实现圆草捆打捆机不停机打捆作业。

4.2　物-场分析

物-场分析是从物质和场的角度建立系统模型，描述系统中出现的结构化问题，包括有用且充分的相互作用，有用但不充分的相互作用，有用但过度的相互作用及有害的相互作用。建立圆草捆打捆机物场模型如图 4a 所示，图中的 S1 表示草捆，S2 表示成捆舱，F 表机械力作用。通过分析，圆草捆打捆机产生问题的两个物质属于有用但不充分的相互作用，应用标准解法，在 S2 外部引入一个外部添加物 S3 帮助系统实现功能，如图 4b 所示。

根据标准解提示，提出机具改进方案 2：在螺旋输送器与成捆舱之间加入

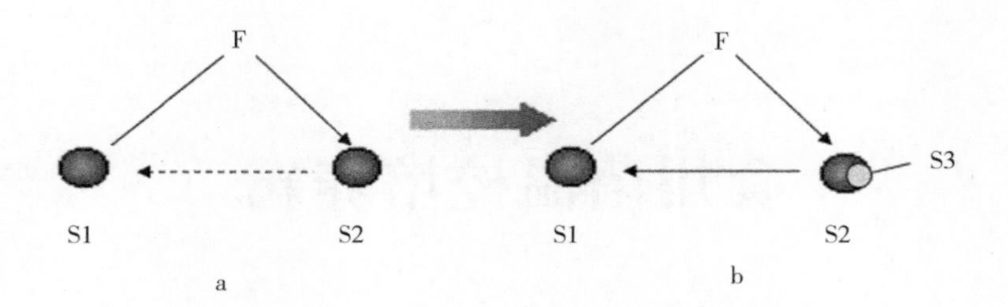

图 4　圆草捆打捆机物场模型

一个储草舱，储草舱主要由 2 根皮带构成，结构可变。成捆舱草捆密度达到要求值进行缠网、卸捆作业时，储草舱可储存螺旋输送器继续推送的物料，同时进行预压缩；当缠网、卸捆作业完成后，储草舱中预压缩后的物料进入成捆舱进行草捆卷制，如此往复循环，实现作业过程连续。

5　方案评价

方案 1 和方案 2 均对机具结构进行了优化改进，解决了圆草捆打捆机缠网、卸捆作业需要停机的问题，可有效地提高机具的工作效率。但是，方案 2 加工难度高，生产成本高，相对而言，方案 1 结构简单，成本低廉，最终选用方案 1 为最优方案。

6　效益评估

优化改进后的圆草捆打捆机，结构紧凑，工艺简单，制造方便，有效地解决了作业过程中需要停机、不能连续作业的问题，大大提高了草捆质量与机器的工作效率。

（执笔：郭炜　高晓宏　苏佳佳）

食用菌温控培养箱

1 项目背景

食用菌是指能形成大型的肉质（或胶质）子实体或菌核类组织并能供人类食用或药用的一类大型真菌。食用菌具有独特的风味和口感，例如，四大野生名菌之一的羊肚菌风味鲜香浓郁，口感嫩脆，深受消费者喜爱。食用菌不仅味美，而且营养价值丰富，含有蛋白质、维生素、矿物质、糖类、脂类等多种营养成分，其蛋白质含量是一般蔬菜水果的几倍到几十倍，具有调节机体免疫功能、降低胆固醇、抗炎、抗肿瘤等功能。

目前，中国已成为全球最大的食用菌生产国和消费国，我国食用菌人均年消费量总体呈现上升趋势，近几年稳定在3kg/年。中国食用菌产量超过全球80%，据中国食用菌协会统计调查，2021年中国食用菌产量达到4 189.85万t，产值达3 696.26亿元，已成为中国农业种植业中继粮食、蔬菜、果树、油料之后的第五大产业。国内可进行人工栽培的食用菌有60多种，生产规模较大的有20种以上，包括香菇、金针菇、黑木耳、平菇、杏鲍菇等，国内外已实现工厂化生产的食用菌主要有双孢蘑菇、金针菇、杏鲍菇、草菇等。随着中国居民收入水平的提高，人们对食用菌的消费量逐渐增加，对食用菌的产品品质也会提出更高的要求，食用菌产业也应从追求产量向追求质量进行产业升级，不断丰富食用菌精（深）加工产品，深入挖掘食用菌食药用价值，加强食用菌活性成分研究。如何培育出营养价值更高的食用菌是现阶段需要重点解决的问题。

2 问题描述

2.1 问题初始情境和系统工作原理

食用菌的获取途径主要有两种，分别为野外采摘和人工栽培。随着中国食用菌产业的发展，食用菌人工栽培已逐渐从家庭种植向工厂化种植转型，无论是家庭化种植还是工厂化种植，由于种植量大，大多是在培养温室内进行。部分食用菌处于研发阶段时，由于种植量少，需要的培养面积小，一般选择用培养箱进行培育。

食用菌的生长不像蔬菜种植，对环境的要求较高，其生长受环境温度、湿度、二氧化碳含量（CO_2）、氧气含量（O_2）、培养料含水量、培养料 pH 值、光照强度、光照时间等因素影响，通过调整环境条件可以加速出菇时间，或提高食用菌特定的活性成分含量，或改变子实体外观形态。不同食用菌其最适宜的生长条件是不同的，同种食用菌在不同生长时期培养条件也存在差异，如草菇和香菇在完全黑暗时不能形成子实体，金针菇在黑暗环境下不能形成菌柄长、菌盖小、颜色白的优质菇，金针菇发菌最适温度在 20~25℃，子实体生长温度为 8~12℃，若温度高于 12℃，则菌柄细长，盖小。食用菌培养箱为食用菌生长创造了一个封闭的环境，可以通过调整培养箱内的环境参数，使食用菌在不同生长阶段始终处于最适宜的环境条件下。

2.2 系统当前存在的主要问题

目前市场中的食用菌培养箱主要为立式箱体，基本具备温控系统和湿度调节系统，部分具有 CO_2 调节系统、自动喷淋装置。温控系统主要是通过温度传感器检测培养箱内环境温度，温度过高或过低分别通过加热器或冷却器调节环境温度，使其达到设置值；湿度调节系统通过湿度传感器检测环境湿度，湿度太低则通过启动加湿器使环境湿度提高。尽管温度和湿度是关系食用菌生长的主要环境因素，但提高食用菌品质，需要尽可能地使影响食用菌生长的其他因素也处于最适范围内。市场中的培养箱还存在以下不足。

（1）缺乏光照调节系统，食用菌生长光源为环境自然光，培养箱内光质、光照强度、光照时间均不能依据食用菌生长条件调整。

（2）在食用菌研发阶段，对培养条件要求更加严苛，但大部分培养箱仅设置了一个或者两个上述系统，不能够全方位地控制影响食用菌生长的环境条件。

（3）食用菌在生长时温度、湿度等条件要在适宜范围内，变化幅度不宜太大，在培养前期容易受到杂菌的污染，部分培养箱需要开箱门手动调节温度和湿度等，容易造成菌包污染，且需要浪费更多的人力成本进行调控。

2.3 当前主要问题出现的情况

当食用菌生长所需的光照条件与环境光照条件不同时，若食用菌培养箱缺乏光照系统，尽管食用菌能够继续生长，但其生长速率、成菇率、产品质量等会降低。不仅是光照条件，其他环境条件也能影响食用菌生长，当其他环境条件如湿度、温度等与食用菌最适生长条件不同时，也不利于食用菌生长。在食用菌生长前期时，由于食用菌未成为优势菌，需要与其他杂菌竞争养分，若培养箱需要频繁开关箱门进行环境条件调节，容易使箱外杂菌入侵造成污染，但在食用菌生长后期已成为优势菌，不易被污染。

2.4 初步思路或类似问题的解决方案及存在的缺陷

培养箱内加设传感器采集箱内环境参数，将控制面板设在箱体外，通过PLC（可编程控制逻辑控制器）发送控制命令和接收信息反馈，使培养箱实现自动调整并避免打开箱门。在箱内增设制冷器、加湿器、排风扇、灯箱，加快箱内温度调节速度，控制箱内 CO_2浓度、空气湿度、光照条件。但增加的装置越多，培养箱的体积和重量也越大，系统复杂性越大。

2.5 待解决的关键问题

尽管市场中食用菌培养箱的温控系统和湿度调节系统还有待完善，但食用菌培养环境的温度、湿度已经能够人为调控。为进一步提高食用菌种植效率和品质，需要控制除温度、湿度外的其他培养条件，需完善培养箱的光照调节、CO_2浓度调节系统。

2.6 对新技术系统的要求

进一步完善食用菌培养箱原有的温控系统与湿度调节系统，加快温度、湿度调节速度，做到全自动调控，无需人工监测和调节；培养箱中加入光照和CO_2浓度调节系统，食用菌生长的光质、光照时间、光照强度、CO_2浓度能够人为控制。

2.7 技术系统的 IFR

食用菌培养箱能够实现对食用菌生长环境条件的全方位、无间断、自动化控制，只需工人提前设置参数即可，在培养箱内的食用菌其生长速率、产品品质、成菇率等提高。

3 问题分析

3.1 IFR 法

设计的最终目标是什么？

答：得到生长速度快、产量高、品质好的食用菌子实体。

IFR 是什么？

答：食用菌生长的环境条件能随食用菌生长要求不断改变。

达到 IFR 的障碍是什么？

答：食用菌培养环境与当天天气有关，具有稳定性，较难改变。

如何使障碍消失？

答：为食用菌生长创造一个封闭空间，添加各种装置调节食用菌生长环境条件。

可以利用什么资源？

答：制冷器、加热器、加湿器、灯管、排风扇、传感器。

在其他领域有类似的解决办法吗？

答：在农业领域中为了在蔬果非生长季节培育该蔬果，将蔬果在温室大棚中进行种植。

方案 1：设计一个封闭箱子，里面设置各种传感器、加热器、冷却器、加湿器、灯箱、通风装置，调节箱内温度、湿度、光照、CO_2浓度，并且实现自动化调节。

3.2 系统功能分析

食用菌培养箱工作原理：该培养箱主要由食用菌放置系统和温度调节系统组成，如图 1 所示。

食用菌放置系统：由箱体、支撑杆、托盘、培养皿、滑道组成，箱体内部设有支撑杆，在支撑杆的一侧设置有滑道，滑道内部滑动连接托盘，托盘上方放置培养皿，工作人员通过滑动托盘拿取培养皿，将食用菌放置在培养皿内使其生长。

食用菌培养箱温度调节系统工作原理：培养箱箱体外表面顶部设有一个显示屏，可以查看培养箱内部温度，显示屏旁边设置了升温键和降温键，工作人员可以通过这两个按键调整培养箱内环境温度。在箱体内部两侧均设置了加热片，如果箱内温度低于设置温度，则加热片开始加热，如果箱体内温度高于设置温度，则加热片停止加热。

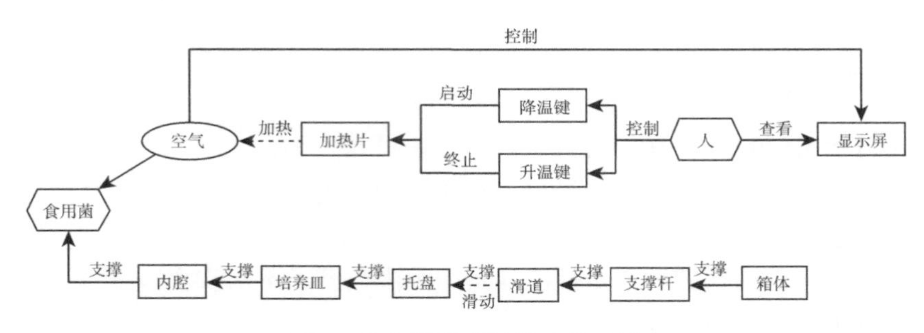

图1　食用菌培养箱的功能建模

该食用菌培养箱仅设置了温度调节系统，只能调整食用菌生长环境的温度，其他环境参数不能根据食用菌生长需求进行调整，因此可以在该基础上增加环境湿度调节系统、CO_2浓度调节系统、光照调节系统。通过对系统进行组件分析，发现该培养箱温度调节系统功能存在不足，培养箱仅仅设置了加热片，缺乏冷却装置，如果系统需要快速降温只能将箱门打开，而空气中的杂菌进入箱内，食用菌容易受到污染。开始加热时，加热片周围温度开始升高，但远离加热片的空气升温需要一定时间，容易造成箱内温度不均匀。

3.3　系统裁剪

食用菌培养箱放置系统裁剪如图2所示，食用菌培养箱放置系统裁剪后如图3所示。

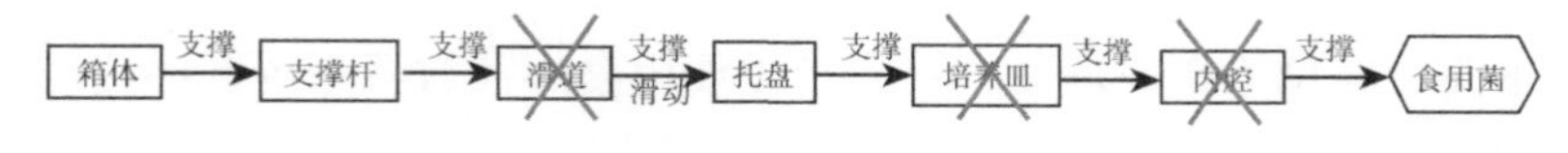

图2　食用菌培养箱放置系统功能建模

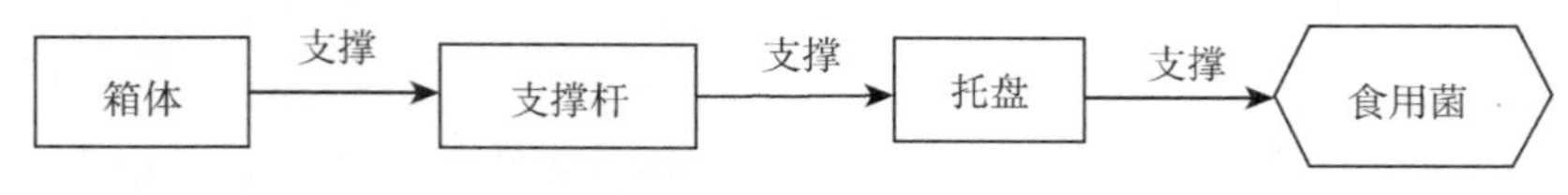

图3　食用菌培养箱放置系统裁剪后功能建模

（1）内腔的功能为支撑食用菌。若符合以下条件，内腔可被裁剪。技术系统中其他组件完成支撑食用菌作用（如培养皿）。

（2）培养皿的功能为支撑内腔。若符合以下条件，培养皿可被裁剪。一是没有内腔（因此内腔不需要支撑）；二是内腔能自我完成支撑作用；三是技术系统中其他组件完成支撑作用（如托盘、支撑杆）。

（3）托盘的作用为支撑培养皿。若符合以下条件，托盘可被裁剪。一是没有培养皿；二是培养皿能自我完成支撑功能；三是技术系统中其他组件完成支撑作用（如滑道、支撑杆）。

（4）滑道的作用为支撑、滑动托盘。若符合以下条件，滑道可被裁剪。一是托盘能自我完成支撑和滑动功能；二是技术系统中其他组件完成支撑作用（如支撑杆）。

（5）支撑杆的作用为支撑滑道。若符合以下条件，支撑杆可被裁剪。一是没有滑道；二是技术系统中其他组件完成支撑作用（如箱体）。

方案 2：将滑道、培养皿、内腔裁剪掉，由托盘完成支撑食用菌的功能，支撑杆支撑托盘。

3.4 因果分析

食用菌培养箱因果分析如图 4 所示。

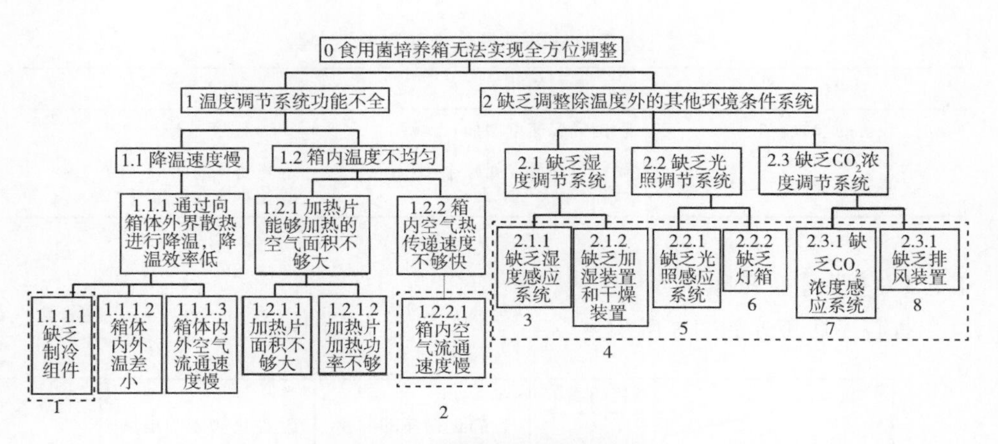

图 4　食用菌培养箱因果分析

4 问题求解

4.1 技术矛盾

4.1.1 问题一描述

食用菌缺乏制冷组件，导致箱内降温速度慢。

4.1.2 定义技术矛盾

以技术矛盾方式阐述这个问题，如表 1 所示。

表 1 技术矛盾

条件	技术矛盾-1	技术矛盾-2
如果	增加制冷器	增加制冷器
那么	箱内降温速度增加	箱内降温速度增加
但是	食用菌可存放空间减小	培养箱重量增大

4.1.3 用 39 个通用工程参数描述该问题的技术矛盾

食用菌培养箱常规问题和通用工程参数如表 2 所示。

表 2 食用菌培养箱具体参数和典型参数

参数	常规问题	通用工程参数
改善的参数	箱内降温速度增加	温度（17）
恶化的参数	食用菌可存放空间减小 培养箱重量增大	静止物体的面积（6） 静止物体的重量（2）

4.1.4 查找矛盾矩阵

查找矛盾短阵如图 5 所示。

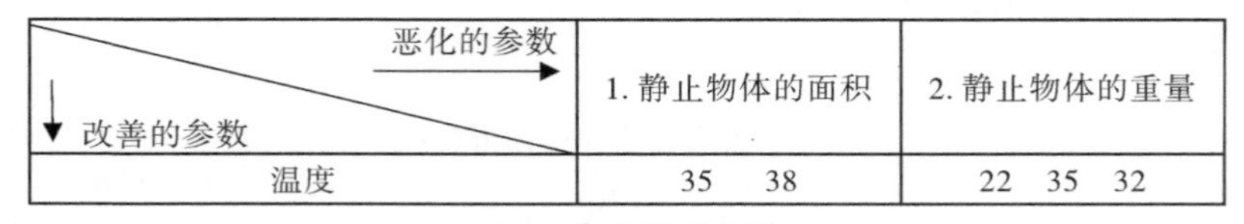

图 5 查找矛盾矩阵

4.1.5 形成方案

方案3：在箱内设置制冷器，增大培养箱体积。

方案4：在箱内设置制冷器，使用更轻便的箱体材料。

4.2 物场分析

4.2.1 问题二描述

箱内空气流通速度慢，导致加热片工作时箱内温度不均匀。

加热片工作时由于空气流通速度低，采用标准解，现有系统的有用作用F1不足，需要进行改进，可以加入第二个场F2，来增强F1的效果。

方案5：培养箱内增设风机，提高空气的流通速度从而加快箱内空气热传递效率，使箱内各部位温度均匀（图6）。

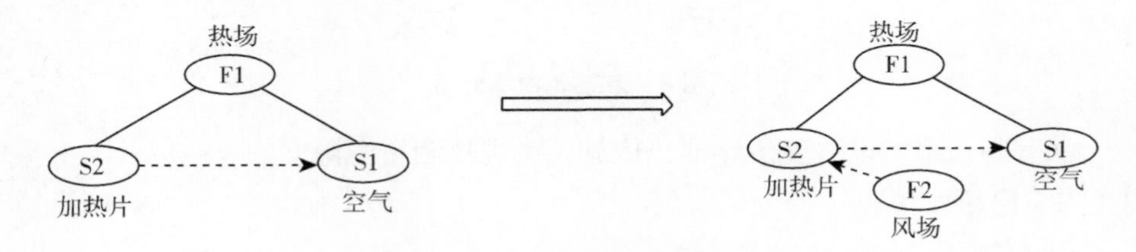

图6　方案5物场分析

问题二采用标准解，可以在S1或S2中引入一种永久的或者临时的内部添加物S3，帮助系统实现功能。

方案6：向培养箱中引入加热管，当加热管与加热片协同工作时，空气升温速度快，箱内空气热传递速率提高，缩短箱内各部位温度达到一致的时间。

方案7：将加热片换成体积更小、加热功率更高的加热管（图7）。

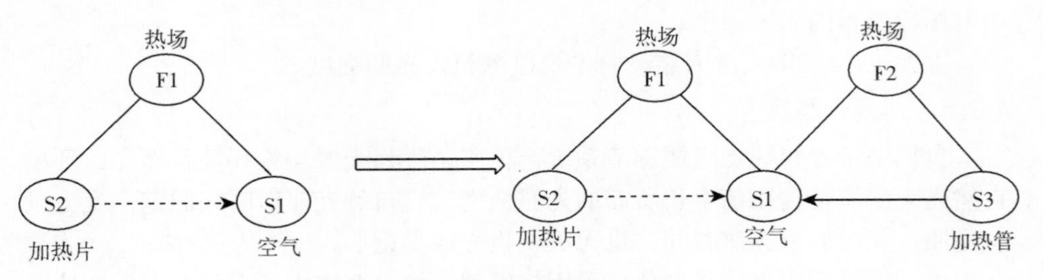

图7　方案7物场分析

4.2.2 问题三描述

培养箱缺乏湿度感应装置。

问题三采用标准解，仅有一种物质 S1，那么就要增加第二种物质 S2 和一个相互作用场 F，使系统具备必要的功能。

方案 8：增加湿度传感器，湿度传感器通过空气中水蒸气的改变利用电场检测箱内空气湿度（图 8）。

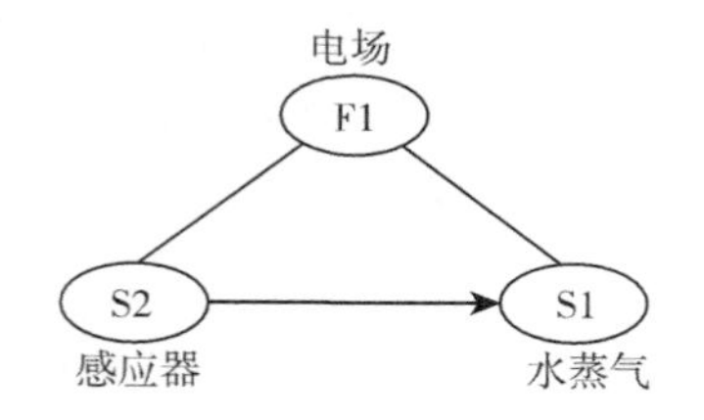

图 8 方案 8 物场分析

方案 9：不增设湿度传感器，依靠人主观检测箱内湿度。

4.2.3 问题四描述

培养箱缺乏加湿装置。

方案 10：采用标准解，向箱内增设加湿器，当空气湿度低时，启动加湿器提高空气湿度。

方案 11：采用标准解，在箱内放置一盆水，增加环境湿度。

4.2.4 问题五描述

培养箱缺乏光照感应系统。

方案 12：箱内增设光照传感器，通过环境光线强度变化，光照传感器利用电场检测箱内光照强度。

方案 13：工作人员依靠经验主观监测箱内光照强度。

4.2.5 问题六描述

食用菌培养箱缺乏光照调节系统，食用菌生长光源均为环境自然光，环境自然光无法满足食用菌生长所需的光照强度，且自然光照射时间固定，晚上没有光照，无法调节光照时间，也无法切换光线类型。

由于培养箱内光照强度低，采用标准解，如果系统中已有的对象无法按需改变，也不允许在物质内部或外部引入添加物，可以通过在环境中引入添加物来解决问题。

方案 14：通过在培养箱中引入可控的灯箱（补光灯和荧光灯），光照强度低时开启灯箱补充光照强度，在夜晚无光照时也能满足食用菌光照需求，可控地调节光照时间，当食用菌需要切换光线时，将补光灯切换成荧光灯。

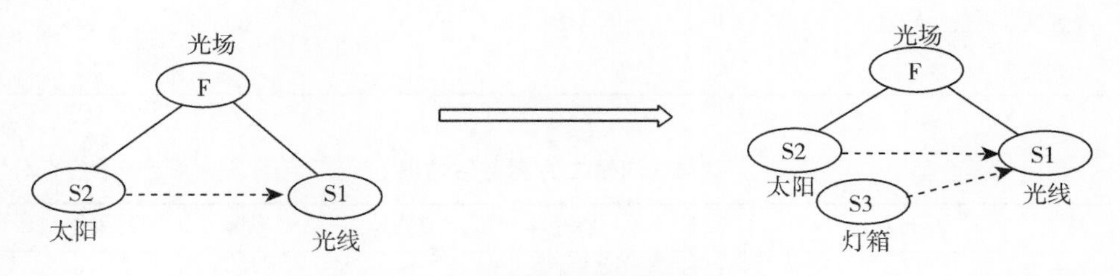

图 9　方案 14 物场分析

方案 15：通过调整食用菌培养箱放置位置，改变照进箱内的光照强度。

4.2.6　问题七描述

缺乏 CO_2浓度感应装置。

方案 16：在培养箱内增设 CO_2浓度传感器。

4.2.7　问题八描述

当箱内 CO_2浓度过高时，CO_2排出箱外的速度慢。

方案 17：采用标准解，在箱体中增设一个进风口和出风口，在进风口和出风口中设置进风扇和排风扇，当 CO_2浓度太高时，启动进风扇和排风扇，使箱内 CO_2排出箱外，箱外的 O_2进入箱内，降低箱内 CO_2浓度。

方案 18：箱内 CO_2浓度太高时直接打开培养箱箱门，加快空气流通降低箱内 CO_2浓度。

5　方案评估

通过问题求解，共得出 18 种解决方案，其中问题一“温度调节系统功能不全”解决方案见表 3，问题二“缺乏调整除温度外的其他环境条件系统”解决方案见表 4。分别从可行性、安全性、协调性、复杂性、成本五个方面对解决方案进行评分，每项评分总分为 5 分。

表3　问题一方案评估结果　单位：分

	可行性	安全性	协调性	复杂性	成本	总分
方案3	4	4	4	3	3	18
方案4	3	3	3	3	3	15
方案5	5	4	4	3	2	18
方案6	3	3	2	3	3	14
方案7	3	5	5	5	4	22

表4　问题二方案评估结果　单位：分

	可行性	安全性	协调性	复杂性	成本	总分
方案1	5	4	4	3	3	15
方案2	4	4	3	5	5	21
方案8	5	4	4	3	3	19
方案9	2	4	2	5	5	18
方案10	5	4	4	3	3	19
方案11	2	3	2	5	5	17
方案12	5	4	4	3	3	19
方案13	2	5	2	4	5	18
方案14	5	5	5	2	2	19
方案15	1	5	1	3	5	15
方案16	5	4	4	3	3	19
方案17	4	4	4	3	2	17
方案18	2	2	3	5	5	17

问题一最终方案：由方案3、方案5、方案7组成。将培养箱的加热片换成体积更小、加热功率更高的加热管，使箱内升温速度更快。在箱内增设一个制冷箱，当温度高于设置温度时启动制冷箱将温度迅速降低，同时扩大培养箱容积。在培养箱中增加风机，使箱内空气流通速度加快，加快空气热传递速度，使箱体内部温度均匀。

问题二最终方案：由方案1、方案2、方案8、方案10、方案12、方案14、方案16、方案17组成。在箱内增设湿度、光照、CO_2浓度传感器，采集箱内环境信息。在箱内增加灯箱，灯箱中有多个补光灯和荧光灯，当食用菌需要荧光照射时关闭补光灯开启荧光灯，如果光照强度太低或者晚上需要光照但没有光时，开启补光灯增强箱内光照。环境湿度太低时，开启加湿器和风机。当环境湿度太高时，开启进风扇和排风扇。当传感器采集到 CO_2浓度在一段时间内高于设定值时，打开进风扇和通风扇；当 CO_2浓度在一段时间内低于设定值时，关闭进风扇和通风扇。将箱内的滑道、培养皿、内腔去掉，仅由托盘支撑食用菌，充分利用了箱内空间，同时在支撑柱上设置多个托盘放置点，将箱内空间进行截断，增加食用菌存放空间。

6 效益评估

该食用菌培养箱使用的荧光灯为覆盖有碳量子点荧光材料的紫外 LED 灯，与传统金属量子点相比，碳量子点具有低生物毒性的特点，其具有优异的发光性能，光稳定性和化学懒惰等性能，原料来源广泛且碳元素价格低廉，成本低。该食用菌培养箱使用的荧光灯能够显著提高食用菌的成菇率、整齐度、总生物效益和产品质量。通过控制温度、湿度、CO_2浓度、光照强度和光照时间，使食用菌出菇时间缩短，子实体量增加，子实体品质提高，从而提高企业产量和利润。

（执笔：肖裕玲　指导：吕建秋）

一种多功能新型食用菌栽培装置

1 项目背景

食用菌是指子实体硕大、可供食用的大型真菌，通称为蘑菇，目前在中国食用菌中已知的品种有 350 多种，食用菌按照生长类型分为木腐菌、草腐菌等，是由食用菌生长营养需求决定的。农作物废料和农业废弃物堆砌发酵后可以作为大多数食用菌的栽培原料，在经济上极大地节约了食用菌生产成本，增加了食用菌生产效益，是一种农民生产致富的好方法。食用菌栽培也是实现乡村振兴，改善农民生活，提高农民收入的良好手段。党的“十九大”以来，我国提出乡村振兴的战略目标，各地区选择采用种植食用菌的方式，以实现乡村振兴，帮助广大农民脱贫致富。要实现乡村振兴，产业振兴是关键，食用菌栽培是一项投资小、周期短、见效快的好项目。

近年来，有众多的乡村开展食用菌产业，成果显著。贵州省毕节市织金县，因地制宜，调整优化产业结构，努力盘活当地土地和林地资源，做大食用菌发展产业。广西壮族自治区南宁市新乐村通过种植桑黄品种的食用菌实现了乡村产业振兴，全年当地可种植 30 万~40 万个菌包，产值达到 200 万元，采收形势乐观。四川省甘孜州雅江县，采用食用菌产业实现乡村振兴，实现了“龙头企业带头+乡村合作社”的模式，有效地扩大食用菌产业模式，促进当地农民增收，当地的食用菌产品也远销海内外。

食用菌生长所需的材料中 80%都是农业废料，例如，甘蔗渣、棉籽壳等农田废物，以适当比例堆沤灭菌后，便可以作为食用菌的栽培原料，有效地实现了经济循环，实现利益最大化。部分药用价值高的食用菌，目前人工栽培难度大，并未实现产业化的人工栽培，导致食用菌产品供不应求，价格不菲。食用菌产业是一项集经济效益、生态效益和社会效益于一体的农村经济发展项目。高效快捷地种植食用菌，实现食用菌产业化，是农民快速致富的有效途径。

2 问题描述

2.1 问题初始情境和系统工作原理

发明人黄江所研究发明的《一种食用菌栽培装置》(CN202123233701.4),包括底座、立杆、轴承、菌包承载盘;立杆的底端固定在底座上;沿着所述立杆的轴线方向在立杆的外侧套接有若干个轴承;对应的每个轴承的外圈,均卡合固定有菌包承载盘。该研究发明的工作过程中,便于作业人员对栽培架上的菌包,进行就地取放,不用频繁来回移动;简化喷淋补水机构,便于布置且不占用空间。通过分析该装置确实在一定程度上,为食用菌栽培提供了部分便利,但是该装置也存在部分缺陷。

2.2 系统当前存在的主要问题

该装置上的菌包会长期暴露在较大的空间中,对所在空间的要求较高,在栽培过程中易受污染。

该装置没有额外设置光源,采用传统的自然光,受天气的影响较大,无法有效地控制食用菌栽培过程中的光照,由于空间中食用菌装置摆放的位置不同,可能造成食用菌不能受到均匀的光照,从而导致食用菌子实体的大小不同,产量出现较大的差异。

2.3 当前主要问题出现的情况

食用菌所处空间灭菌不彻底、存在大量的杂菌;自然光照不足或者光照不均匀;空气湿度较低。

2.4 初步思路或类似问题的解决方案及存在的缺陷

对新系统的初步思路:要求新的系统最大限度地防止杂菌污染,同时有人工的光源系统,可保持食用菌所需的空气湿度。

2.5 拟解决的关键问题

将空间式开放培养改为箱式培养,限制大环境空间杂菌污染,同时设置人工光源,添加蓄水池并保持其空气湿度。

2.6 对新的技术系统的要求

防杂菌、保湿度、有光照。

3 问题分析

3.1 九屏幕法

问题分析采用九屏幕法，如图 1 所示。

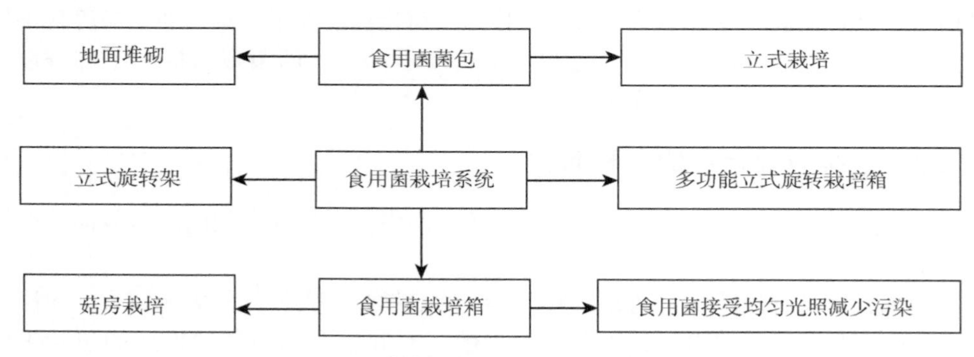

图 1 食用菌栽培装置的九屏幕法

3.2 IFR 法

设计的最终的目的是什么？

答：收获大小均一的成熟可食用菌子实体。

IFR 是什么？

答：食用菌菌包子实体成熟，且光照水分均匀获得。

达到 IFR 阻碍是什么？

答：目前食用菌的栽培采用传统的堆砌方式，光照不均匀且易受杂菌污染，缺乏简单方便的装置，提高食用菌栽培的便捷性。

如何使障碍消失？

答：采用食用菌栽培箱设备，减少食用菌在自然空气中的暴露量，减少空气中杂菌的污染，同时将食用菌放置于由发动机带动的旋转底座上，使食用菌均匀地得到光照和水分。

3.3 系统功能分析

系统功能分析如图 2 所示。图 3 为一种食用菌栽培装置，包括菌包装置蓄水池、照明灯、底座、轴、菌箱盖、输水管、菌包承载盘、菌包箱透气装置、水蒸气透气开口、连接转轴与承重盘螺纹旋钮、固定输水管装置、输水管密封盖。该装置发动机连接 2 个轴，接通电源方可带动轴转动，轴连接菌包承载盘，菌包承载盘上，每个承载盘有 4 个菌包承载空位，可放置菌包。

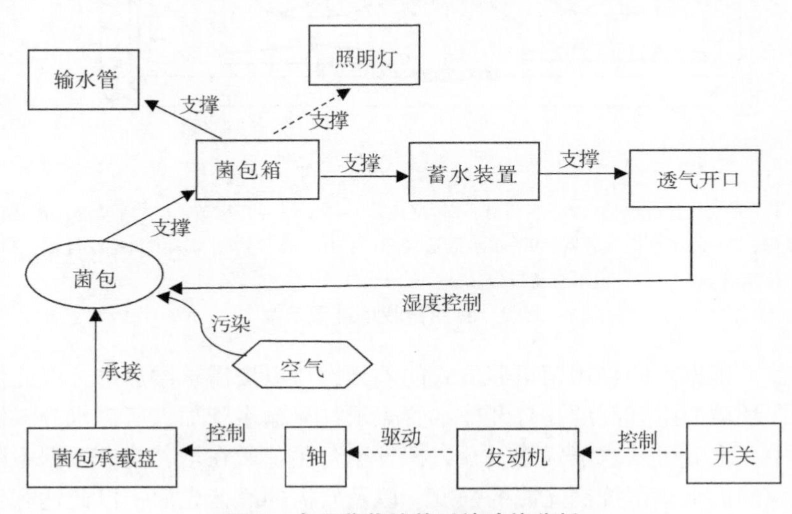

图 2 食用菌栽培的系统功能分析

蓄水池和输水管连接，输水管含有输水管密封盖，装置需要加水时可打开加水盖，添加无菌水，可保持食用菌所在环境空气湿度。水蒸气可以从水蒸气透气开口挥发到食用菌所在空间，从而保持食用菌所在环境的空气湿度。照明灯连接在食用菌箱两侧，当食用菌子实体形成需要大量的光照时，可以调节光源进行光照的控制。为保证每个菌包，均匀受到光照照射，开通光照后可打开电源发动机，带动轴转动，使菌包均匀接受光照。菌包箱透气装置可以为食用菌提供氧气，同时需要防止外界杂菌进入装置。将菌包箱透气装置开口采用食用菌栽培中常用的透气封口膜密封，一方面可以接触外界氧气，另一方面可以防止外来杂菌污染。

使用说明：当食用菌完成栽培接种后，立即放入培养箱进行培养，培养过程中，打开培养箱盖子，将接种好的食用菌放入承重盘上，每个承重盘可放置 4 包食用菌菌袋。一个培养箱最多可放置 16 包食用菌菌袋，放置后立即盖上

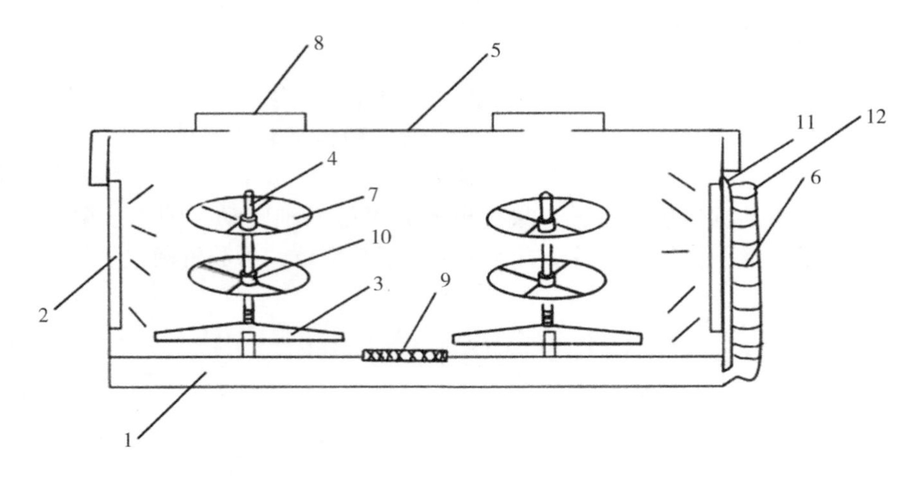

1—菌包装置蓄水池；2—照明灯；3—底座；4—轴；5—菌箱盖；6—输水管；7—菌包承载盘；8—菌包箱透气装置；9—水蒸气透气开口；10—连接转轴与承重盘螺纹旋钮；11—固定输水管装置；12—输水管密封盖。

图 3　食用菌栽培装置示意

培养箱盖。根据不同食用菌培养方式的差异，可以按需求添加水，以此保持食用菌所在环境的空气湿度，打开输水管盖子，从输水管加入所需水分，储存于蓄水槽中，水分可从水蒸气透气开口挥发至食用菌所在培养箱。根据不同食用菌对光源的需求，可控制光源的强度，以及所需的红蓝光照，以此达到食用菌生长所需的最佳条件，获得成熟子实体。为保证食用菌均匀接受光照，可打开转轴开关，使转轴带动承载盘转动，以此获得均匀的光照条件。

3.4　系统裁剪

简化喷淋补水机构的功能：补充食用菌生长过程中所需水分。

若满足以下情况，简化喷淋补水机构可被裁剪：技术系统中其他组件完成食用菌的补水功能。新发明中的菌包装置蓄水池可以保持食用菌生长所需水分。

3.5　因果分析

食用菌子实体大小不均一的因果分析如图 4 所示。

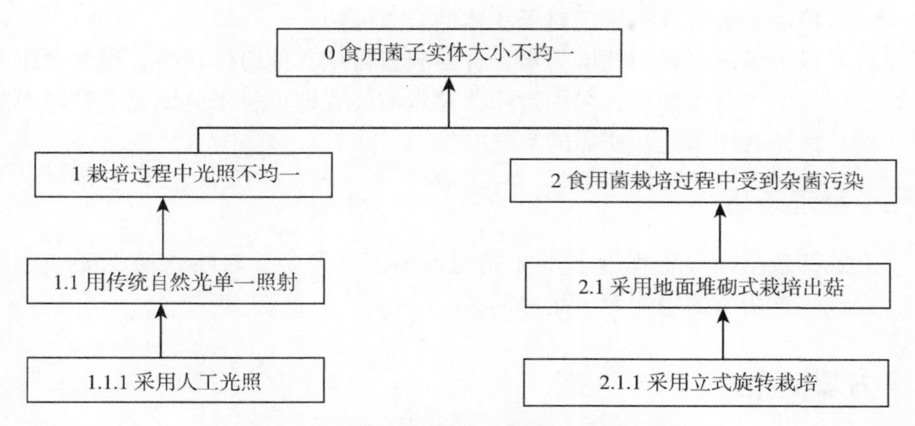

图 4　食用菌子实体大小不均一的因果分析

3.6　资源分析

空间资源：新系统有效地利用食用菌种植空间。

系统资源：改变子系统之间的连接，超系统引进新的独特技术，从而获得有用的功能或新技术。

物质资源：原有系统采用喷水装置，极大地浪费水资源，食用菌在生长过程中所需水分较少，保持相应的空气湿度即可，采用蓄水池有效地节约利用水资源。

能量资源：新发明利用电能，将其转化为光照，赋予食用菌生长所需光照。

4　问题求解

4.1　技术矛盾和创新原理

技术矛盾：如果采用原发明的喷淋补水装置，在每个菌包上方喷水，那么不能采用水直接喷洒在子实体上的食用菌会长霉腐烂。

根据上述问题的情景不难发现，在传统食用菌栽培过程中，子实体受到水分直接喷洒导致腐败的原因主要体现在以下几个方面。

一是为了保持食用菌成长所需湿度，需要给食用菌添加给水装置。

二是喷洒的水分直接接触到食用菌子实体。

三是喷洒水分过程中缺乏对子实体的有效保护。

针对以上情况，食用菌所需水分补给装置可用其他组件代替，增加食用菌所在空间的空气湿度即可，采用食用菌储水池装置即可，水分因温度升高而蒸发，即可保持食用菌生长所需的空气湿度。

4.2 物理矛盾

立式架栽培在一定程度上增加光照均匀度。但是，自然光照受天气等影响，会导致食用菌菌包光照不足等问题。

5 方案评估

本研究将传统地面堆砌式菌包栽培的栽培方式改为小型包厢式栽培，极大限度减小菌包的污染概率，同时采用旋转立式栽培，可以使菌包被光均匀地照射，有利于食用菌子实体的形成。

本研究发明的新型食用菌培养箱消除了传统食用菌栽培过程中的地面堆砌方式中食用菌易受杂菌污染的问题，节约了食用菌栽培的空间资源，成本上极大地减少支出，可用于食用菌栽培的大规模生产。该栽培箱的半密封环境可以隔绝杂菌，降低食用菌污染概率。从成本方面考虑，该新型食用菌栽培装置简单实用，成本低廉，可用于实验室食用菌栽培研究，具有较高的可行性和实用性。

6 效益评估

食用菌种类繁多、营养丰富，食用菌栽培产业投入小、收益大，可以有效地实现经济可持续发展，保持绿色生态，符合国家所提倡的乡村产业振兴。良好的栽培条件是食用菌能否栽培成功的关键所在，本研究为食用菌的栽培提供一种新型方式，为后续食用菌栽培研发提供参考。本研究的最终产品为一款食用菌专用培养箱，该培养箱具有节约空间资源、防止杂菌污染、保持食用菌生长空气湿度、均匀提供食用菌所需光照，控制环境变量等优点，可以为食用菌提供良好的栽培环境，更好地控制食用菌生长，为研发更多良好食用菌完善的栽培环境，实现实验室—公司—农户一体化的生产流程，为食用菌产业赋能，最终实现农民增收致富，实现国家乡村振兴产业化发展，为农民带来实质性的福祉。该食用菌培养箱可循环使用，为食用菌科学研究人员、食用菌服务中心、菇农提供食用菌栽培方面的便利。食用菌科技示范园区可采用该培养箱进行栽培，进一步加快食用菌园区设备，做大园区规模，充分发挥园区龙头企业市场、信息、技术等优势，建立起“公司+农户”“专业合作社+基地+农户”等联合模式，调动广大菇农种菇积极性，促进食用菌产业的集约化、产业化发展。

（执笔：田怡　指导：吕建秋）

TRIZ 理论在沙柳栽植机中的应用

1 项目背景

为应对土地荒漠化问题，我国大量栽植了柠条、梭梭树、沙柳等沙生植物。沙柳栽植机则是针对沙漠地势环境而研发的专用种植设备，其具体工作方式为开沟装置开沟后人工进行扦插，由覆土轮覆土后镇压轮压实。依据生物学栽植要求，对于沙柳存活率影响最直接的因素为开沟深度，因此将栽植机调整开沟深度的一致性、稳定性作为项目中心目标。本研究以提高开沟深度稳定性为切入点，以当前栽植机已知结构为基础，利用发明问题解决理论，制定并分析、对比、评价了多种优化方案，通过综合考量，确定了优选方案。

沙柳栽植机结构及工作原理如图 1 所示。

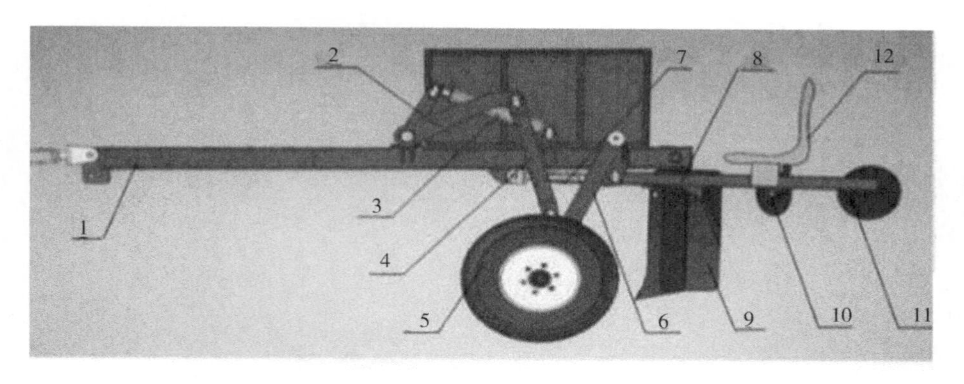

1—机架；2—曲柄捍合；3—液压缸；4—提升杆；5—行走轮；6—轮胎摆臂；7—入土调节装置；8—随动杆；9—开沟装置；10—覆土轮；11—镇压轮；12—座椅。

图 1　沙柳栽植机

工作原理：本研究研制沙柳栽植机为拖拉机牵引式，如图 1 所示。拖拉机牵引栽植机行进，由拖拉机液压系统控制液压缸伸出，在液压缸的带动下曲柄逆时针旋转，图 1 中所示的提升杆分别与曲柄和行走轮轴铰接，轮胎摇臂与机架铰接，轮胎可绕着铰接点旋转。曲柄逆时针旋转时带动提升杆向上，利用反平行四连杆原理提升行走轮，致使机架整体下降，使开沟器逐步入土进行开沟作业。其中，入土调节装置可以限制轮胎摆臂的旋转角度，从而控制轮胎浮动量，达到控制开沟深度的目的。开沟后操作者坐于座椅上，随机具行驶，等距的作物置于沟中，同时由随动杆在行驶过程中可带动覆土轮和镇压轮工作，完成后续覆土与压实需求。

图 2　沙柳栽植机工作现场

2　问题描述

开沟作业时遇到地势起伏较大或地表松软的情况，行走轮无法对机架起到足够的支撑作用，机架易发生侧倾或上下浮动，使连接于机架的开沟装置稳定性变差，无法满足深度一致性的要求。

2.1　初步拟订方案及缺陷

2.1.1　初步拟订方案

持续提高行走轮使其失去作用，机架下表面直接接触并作用于土表，增大支撑面积，减小接地比压，从而提高机具的稳定性与通过性。

2.1.2　存在缺陷

机具由滚动摩擦变为滑动摩擦，增大了动力消耗、增大了机架磨损、失去了深度调节功能，机具适应性降低，失去了改变深度的开沟需求。

2.2　对新系统的要求

机具可扦插，要求调节开沟深度，且开沟时作业深度稳定、一致。

3　问题分析

3.1　系统功能分析

通过对技术系统结构组成及工况进行分析可知，本技术系统的超系统及其组件包括拖拉机、石头、沙地等；子系统及其组件包括机架、行走系（行走轮）、连动开沟系（开沟装置、液压缸、曲柄、提升杆、轮胎摆臂、入土调节装置、随动杆）、覆土镇压装置（覆土轮、镇压轮）；图3为组件之间作用关系功能模型。

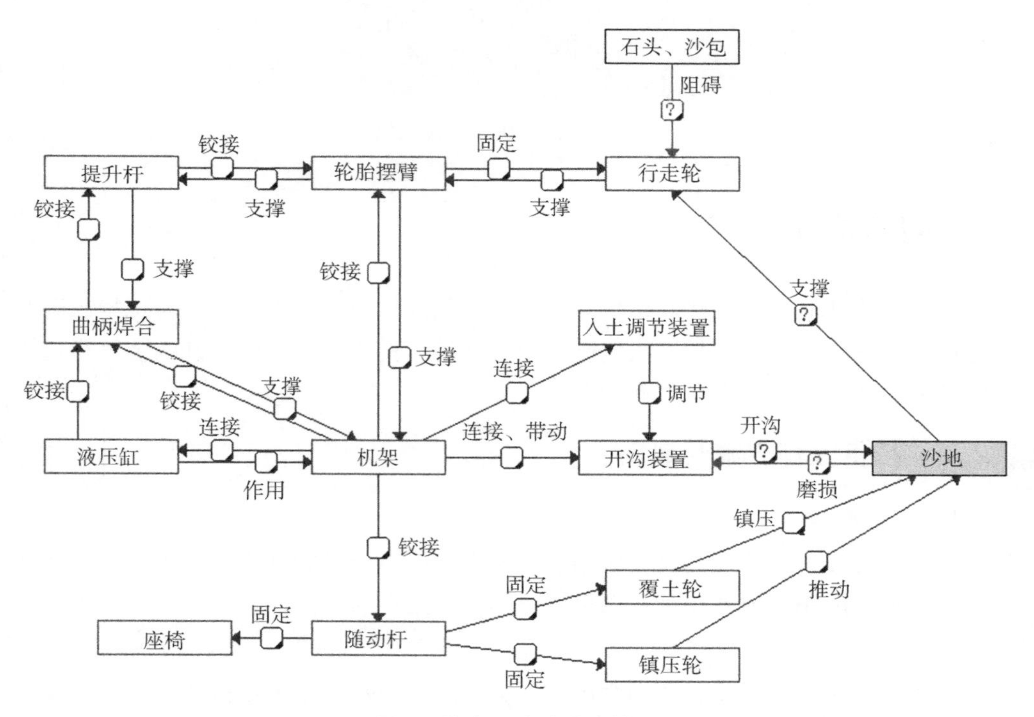

图3　技术系统的功能模型

3.2　因果分析

图 4 为技术系统功能模型中组件间的作用结构关系，通过对问题结点进行因果分析，找寻问题解决切入点。

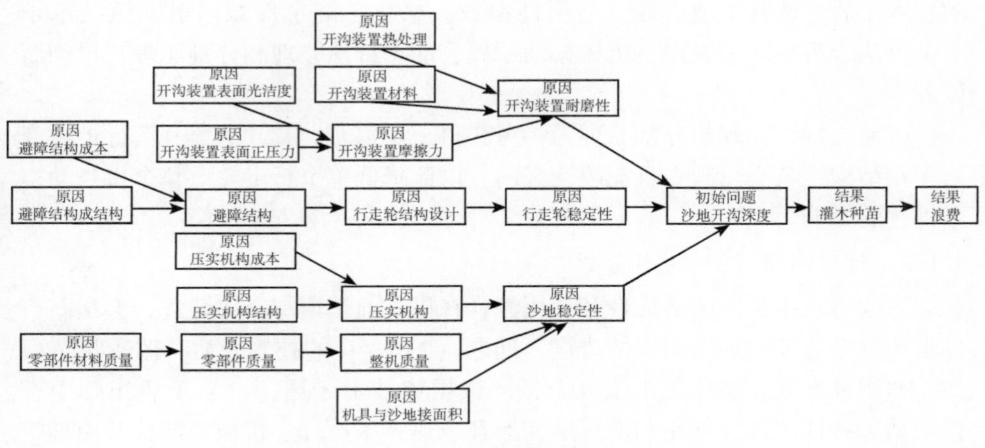

图 4　因果分析

3.3　问题的确定

结合功能分析图与因果分析图，提取出影响开沟深度稳定性、一致性关键性因素有以下几点。

（1）超系统组件中的石头、沙包等对行走轮产生阻力，以及作业中的非必要支撑。

（2）作业场所地质松软，行走轮接地比压较大，不利于行走轮发挥支撑作用。

（3）开沟装置作业环境使其磨损变大。

4　问题求解

根据上述进一步明确的问题，利用技术矛盾分析、物理矛盾分析、物场分析和技术进化法则求解方案。

4.1 技术矛盾分析

4.1.1 针对问题（1）进行分析

本问题中主要是改善技术系统的适应性和通用性，在机具前端增设整地结构，该方案会使拖拉机功耗增加，增大非必要工作能量消耗。问题（1）存在的技术矛盾：改善了适应性、通用性参数，恶化了能量参数。根据该技术矛盾，可从矛盾矩阵中查得，机械振动原理、动态特性原理和分割原理三项创新原理。

以动态特性原理与分割原理为参考获得一定启示，提出方案1：行走轮变为多轮结构，各小轮独立且能改变方向，以此降低单个行走轮对整个机身动态平稳性的影响。

4.1.2 针对问题（2）进行分析

为改善技术系统的适应性和通用性，在机具前端增加夯实装置，会提高机具结构复杂程度与加工制造的难度。问题（2）存在的技术矛盾：改善了适应性、通用性参数，恶化了系统复杂性。根据该技术矛盾，可从矛盾矩阵中查得：动态特性原理、气压和液压结构原理、热膨胀原理、机械系统代替原理。

参照动态特性原理，提出方案2：在作业对作业场地进行预先的平整和压实，以此降低行走轮接地比压并提高机具的通过性能，同时使开沟装置作业面趋于平整，保证开沟深度的稳定性。

4.2 物理矛盾分析

物理矛盾问题可采用空间分离、时间分离、条件分离和整体与部分分离的原理解决。栽植机作业时，提高开沟装置的表面光洁度能降低沙粒对开沟装置的磨损，即问题（3）。但是，提高表面光洁度会恶化开沟装置的可制造性，该技术矛盾中既要提高开沟装置的表面光洁度，又要保证其可制造性不会恶化。因此，对开沟装置进行空间分离，空间1为开沟装置工作区，空间2为开沟装置非工作面，两个空间区域不交叉，利用空间分离原理，以及对应的局部质量原理，得到方案3：提高开沟装置与沙土接触面的表面光洁度，不加工开沟装置不与沙土接触面的区域。

4.3 物场分析

以76个标准解为基础，对技术系统分析后建立物场模型，并通过分析物场模型来寻找问题结果方案，即物场分析。

通过分析上述因果关系可建立如图 5a 物场模型。石头、沙包与行走轮之间有着相互作用，其中有害的一面为前者对行走轮产生了非必要支撑和阻挡，使机具发生了不稳定的浮动，从而影响了对开沟深度稳定性的要求。为了消除或减轻该有害面，利用“拆解物场模型”中标准解“引入物质消除有害作用”，构建了新物场模型（图 5b）。

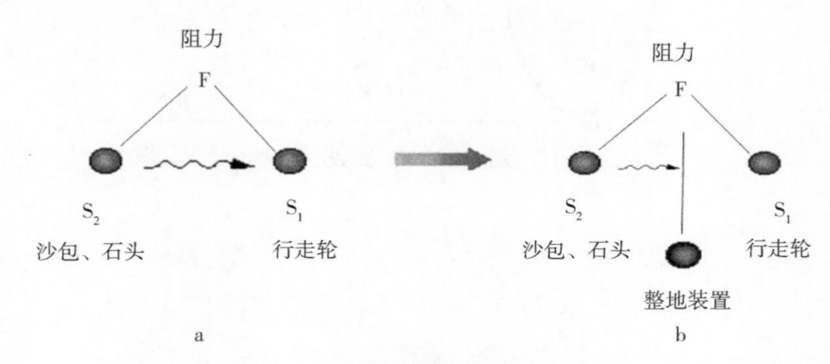

图 5　物场模型

依据标准解，提出解决方案 4：在轮胎前方增加一个可以平整沙包的装置，消除沙包及石头对行走轮的阻碍。

4.4　“S”曲线与技术进化法则

“S”曲线与技术进化法在一定程度上可以总结出技术系统发展和进化的部分规律。“S”曲线通常利用查询相关专利论文数量以及其发明级别和期刊层次等计算，然后明确该项技术进化的方向以及确定目前该项技术所处成长阶段，利用动态性进化法则来寻求新的方案。图 6 系统“S”曲线，通过调研及数据查询，得出目前沙柳栽植机处于婴儿期，其适用的法则为技术系统完备性进化法则、能量传递法则、协调性进化法则。利用 Pro-Evolver 可建立如图 7 所示的组件演化树。

利用技术系统完备性进化法则——向自动控制跃进，提出方案 5：在机架上加装自动控制机构，使机架可以自动检测与地面的距离，保证安装在机架上的开沟装置工作稳定。

利用技术系统能量传递法则——从系统中移除多个组件，提出方案 6：去掉技术系统中轮胎摆臂、轮胎，把提升杆改成滑掌，减少能量传递路径，提高能量利用率。

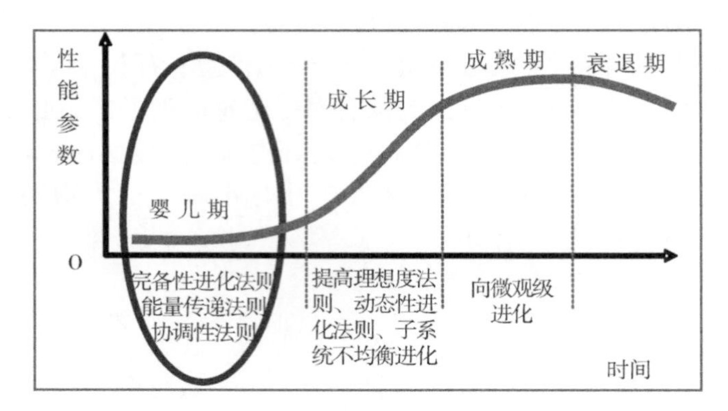

图 6 “S” 曲线

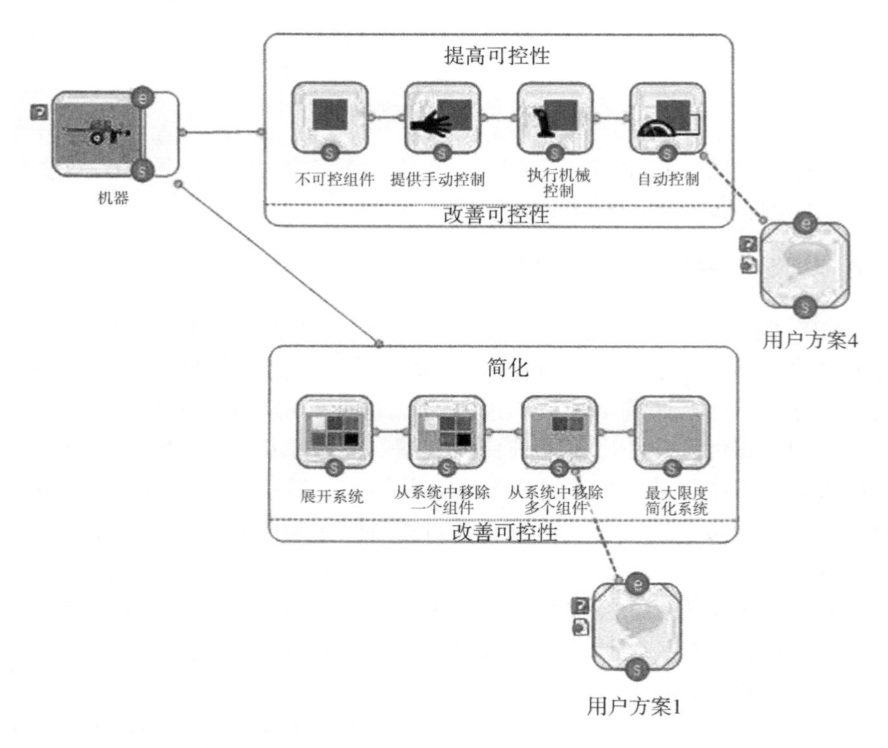

图 7 组件演化树

5 方案评价

表 1 为上述方案的汇总结果。使用 Pro/Innovator 软件将机具质量、复杂度、可靠性、制作难度及成本作为评价参数进行分析排序，可得出较优方案顺序：方案 4→方案 5→方案 2→方案 6→方案 3→方案 1。通过分析对比评价各方案，确定方案 5 与方案 2 组合为最优方案。

表 1 方案汇总

方案	所用创新原理
方案 4：在轮胎前方增加一个可以平整沙包的装置，消除沙包对行走轮的阻碍	物场分析：引入物质消除有害作用
方案 5：在机架上加装自动控制机构，使机架可以自动检测与地面的距离，保证安装在机架上的开沟装置工作稳定	进化法则：技术系统完备性进化法则——向自动控制跃进
方案 2：在开沟前期对沙地进行平整和压实，减少行走轮陷入沙地，提高机具通过性	技术矛盾：动态特性原理，即调整物体或环境的性能，使其在工作的各个阶段达到最优状态
方案 6：去机构中的轮胎摆臂、轮胎，把提升杆改成滑掌，减少能量传递路径，提高能量利用率	进化法则：技术系统能量传递法则——从系统中移除多个组件
方案 3：提高加开沟装置与沙土接触面的表面光洁度，开沟装置不与沙土接触面的表面可不进行加工	物理矛盾：空间分离原理中的局部质量原理
方案 1：把行走轮变成由多个小轮组成的结构，小轮可多自由度改变方向，改善行走轮的避障性能，提高机具的通过性	技术矛盾：动态特性原理，分割物体，使其各部分可以改变相对位置

6 效益评估

沙柳是沙生植物，抗逆性强，耐盐碱，耐寒，耐极热，根系发达，固沙保土力强，是中国沙荒治理的先锋树种之一。通过项目方案对沙柳栽植机的改进升级将极大提高沙柳栽植的效率和沙柳苗的成活率，增强沙荒治理的能力，同时为沙柳产业化原料端提供机械化支撑。另外，通过此次项目的实施，提高了利用 TRIZ 解决实际技术问题的能力，为后续 TRIZ 理论的学习和利用提供了参考和依据，项目效益显著。

7 结论

本研究利用 TRIZ 理论与方法对沙柳栽植机存在的开沟深度稳定性与一致性较低的问题，利用技术矛盾分析、物理矛盾分析、物场分析及“S”曲线与技术进化法则进行问题求解，确定最终的解决方案。随着农业机械的发展，适时引入 TRIZ 理论，能提升解决技术问题的概率、降低研发成本、缩短研发周期，能为产品发展趋势做出预测，对农业机械的创新、可持续发展具有现实意义。

（执笔：张宁　田丰　赵小娟　翟改霞）

一种排射式有序播种无人机

1　项目背景

近十几年来，随着科学技术的发展以及我国在农业领域的不断变革和创新，越来越多的高新技术投入农业生产工作中，我国农业机械化与现代化的稳步推进也加速了一些智能农业装备、智能农机的应用。其中，农业航空领域的发展更是迅猛，1951 年 5 月我国农业航空揭开了发展的序幕。经过几十年发展，中国农业航空已经由最初的有人驾驶航空器作业为主发展到目前的有人驾驶航空器作业和无人驾驶航空器作业并存的局面。因为技术改革、市场需求，无人机在农业上的应用越来越广泛，无人机慢慢地也被应用于一些种子的播撒，其中应用最广泛的就是水稻直播。相对于地面直播机械，采用无人机进行水稻直播，具有作业速度快、劳动强度低、轻便灵活和避免陷车等特点，非常适合我国南方地区地块小、高差大、泥脚深的水田，作为一种新兴的播种方式，正逐渐被广大农民所接受。但当前主要以撒播为主，存在落种均匀性不够好、落种杂乱无章很难成行成穴、通风透气性差易滋生病虫害等问题，造成田间成苗率得不到保证，产量不稳定。我国南方地区的土地资源情况，一般来说是“七山一水二分田”，其中耕地面积小且地势复杂不平，对于机械化耕作的开展十分不利。以广东省为例，广东省水稻常年种植面积约2 700万亩（1 亩 $\approx 666.7m^2$），到 2020 年底，广东省水稻耕种收综合机械化水平为 75.3%，但各个环节机械化水平发展不均衡，种植机械化水平严重落后于其他环节。

水稻的生产环节主要包括耕、种、管、收四大环节，其中水稻种植机械化是水稻生产全程机械化中最难实现的环节，也是因为这个原因使得无人机进行播种的相关机械设备比其他环节的机械设备发展慢。但随着水稻种植技术的改良以及水稻直播技术的推广应用，无人机播种慢慢登上属于它历史的舞台。用无人机进行播种，与地面机械相比，通过性好，可避免陷车、避免破坏田埂，且无人机播种速度快，操作简单。因此，开展水稻种植机械化相关的研究与开发、创制相关的无人机播种新装备对提高水稻种植机械化水平具有重要的研究意义和实际应用价值，同时也具有巨大的经济效益和广阔的市场前景，符合社会发展的需求。目前市面上存在的无人机播种以撒播作业为主，撒播装置根据工作方式大致可分为离心式和气力式两种。相比人工撒播，无人机撒播的播种均匀性有所提高。在提高效率的同时又能降低生产成本，所以无人机播撒水稻种子越来越得到广大农业工作者的青睐。

2　问题描述

2.1　问题初始情境和系统工作原理

科技不断进步，我国农业航空不断发展，利用多旋翼植保无人机进行施肥打药作业已经司空见惯，植保无人机也随之被用于播种领域，尤其是水稻的播种。在利用无人机进行播种的时候，难免会有一些机械故障或是软件 Bug、硬件性能不足导致的各类故障。无人机要实现可控/自主飞行，主要需要完成姿态控制、拍摄/测量、信息存储/传输、环境感知（防撞）。自动控制原理的一个起点是闭环反馈控制，即在应用输入调整后，测量控制量的变化并调整反馈输入，直到控制量达到目标值。无人机垂直移动并使用转子前进和停止。力的相对性质意味着当转子推动空气时，空气也将转子推回。这就是无人机可以升降的基本原理。此外，转子旋转得越快，升力就越大，反之亦然。要将无人机向右转，需要降低旋翼的角速度。虽然旋翼的推力不足会导致无人机改变运动方向，但向上的力不等于同时向下的重力，所以无人机下降。

无人机是对称的，它也适用于横向运动。四轴无人机的每一面都可以是正面，所以如何向前移动，如何向后或向侧面移动。例如，给无人机设置一个航迹，在飞行过程中实时测量飞行位置偏离航迹，进行相应的偏航修正。环境感知是利用各种传感器（光学摄像头、超声波等）来检测无人飞机轨迹上的障碍物，如建筑物、桥梁等，并进行机动规避。

在农业生产实践中，利用无人机作为飞行平台，搭载一种播种结构，类似拖拉机挂载旋耕结构就能犁地一样，利用特定结构，像“打子弹”的方式将谷种加速投入泥层中使其生长发芽。

2.2　系统当前存在的主要问题

在水稻无人机播种这一领域，从硬件层面以及软件层面来考虑目前还存在以下的一些问题。

（1）不同于地面机械能根据物理参照物去走直线，无人机在空中的飞行完全是参照 GPS、RTK 或雷达等信号（图 1 和图 2），因为要使水稻播出来的效果与地面机械效果相仿成直线，所以对水稻播种无人机要求要有较高的可靠性，对于飞控系统的稳定性及无人机自身的定位精度都有较高要求，硬件的结构要合理，软件的设计要强大，二者缺一都难以实现预期的效果。

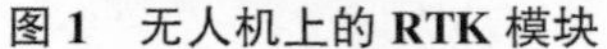

图 1　无人机上的 RTK 模块　　**图 2　无人机上的 GPS 模块**

（2）地面机械因为贴地行驶，播种机构往往与泥层表面相距很近，只有几厘米左右，而且拖拉机负载高，很多机械结构不必设计得很小巧，种子通过管道下落通畅且能不受风力等其他因素影响落在预期的位置，所以成行成穴地播种是比较容易实现的。但在无人机上，因为结构紧凑，且由于谷种本身的不规则性以及较大的摩擦系数，排种器易结拱堵塞，同时种子容易被破坏，所以无人机上的排种机构要有一定的种子宽度自适应能力，亦或是使种子具备理想的理化特性，这两个方面都是要考虑改进的点。

（3）无人机的飞行距离地面较远，一般飞播种子从排种装置排出后，由于旋翼风的干扰（载重 20kg 的六轴无人机载重下旋翼风速一般可达 14m/s），落种位置不可控，落种均匀性不够好，种子的落点很难成行成穴，这是实际生产应用中要解决的一个难题之一。

（4）现有的有序播种无人机飞行高度过低，对于无人机本身及操控人员带来很大的挑战。如何摒弃以牺牲高度换取播种精度的方式，也是本系统要革新创造的一个重点和难点。

2.3　当前主要问题出现的情况

天气不好，飞机与基站距离过远（利用 4G 信号、卫星信号进行定位），谷种颗粒大小不均一，撒播器没有自我调节能力，排种装置没有一定的自我疏通能力。

2.4 初步思路或类似问题的解决方案及存在的缺陷

RTK（实时动态差技术）及 GPS（全球定位系统）冗余、利用重力做功，增加结构的自适应性，长导管引导种子流、压低飞行高度等方法。但后者方案多数会增加飞行的危险性，不适用于实际农事生产。

3 问题分析

3.1 系统功能分析

系统功能分析如图 3 所示。

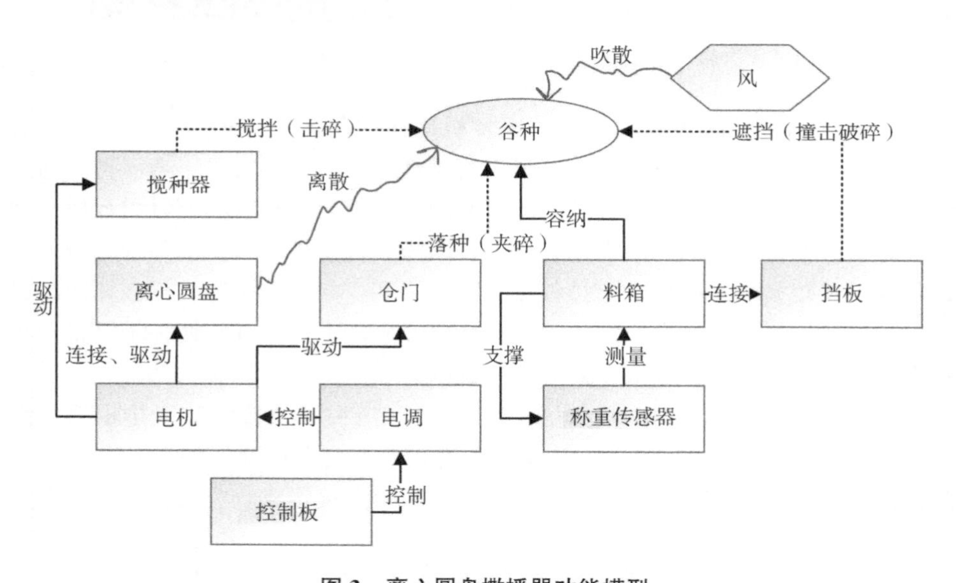

图 3　离心圆盘撒播器功能模型

3.2 系统裁剪

在系统裁剪分析下，离心圆盘组件的功能是将谷种撒出，因为依靠重力的作用谷种也能自行落到地里，所以离心圆盘组件可以裁剪而不出现在新系统中；又因为圆盘撒播本身的无序性，若是采用没有离心圆盘的系统，挡板阻挡谷种乱飞的功能也可由重力实现（谷种随重力下落而不是反重力上飘），相呼应的连接挡板与离心圆盘的螺母已无作用，可以进行裁剪。因此，新方案就是抛弃离心圆盘系统，舍弃挡板，利用重力进行播种。

3.3 因果分析

3.3.1 撒播器部分

参考图4，分析为什么离心圆盘撒播的水稻种子无序。因为种子的运动难以在此方式下得到控制以及谷种本身的物理特性所限制的。存在离心圆盘排种装置但缺乏排序的功能，想做到有序播种，必须摒弃离心圆盘带来的平抛运动的方式，需要一个让种子做简单的单向运动的结构装置。与此同时，也存在无人机的风场对种子落点的影响，需要某种方式解决该方面的干扰。

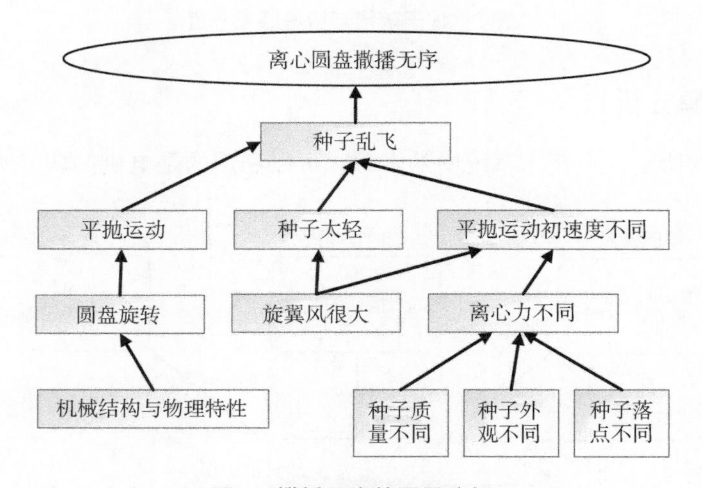

图4 撒播无序的因果分析

3.3.2 水稻种子部分

参考图5，分析为什么水稻种子会破碎，撒播系统会堵塞。因为存在仓口的开合，此过程会对种子造成挤压、也存在搅种器的搅动使得种子间相互摩擦，存在种子在接触离心圆盘瞬间的速度突然增大的冲击现象，需要一些类似减震原理的防破损设计。而造成堵塞的原因一是因为仓口大小不合适，二是料箱设计不合理，三是所使用的电机等驱动装置功率不够。解决堵塞的重点是解决落种的流畅性，可以简单对种子进行处理，再设计一种种子自适应结构。

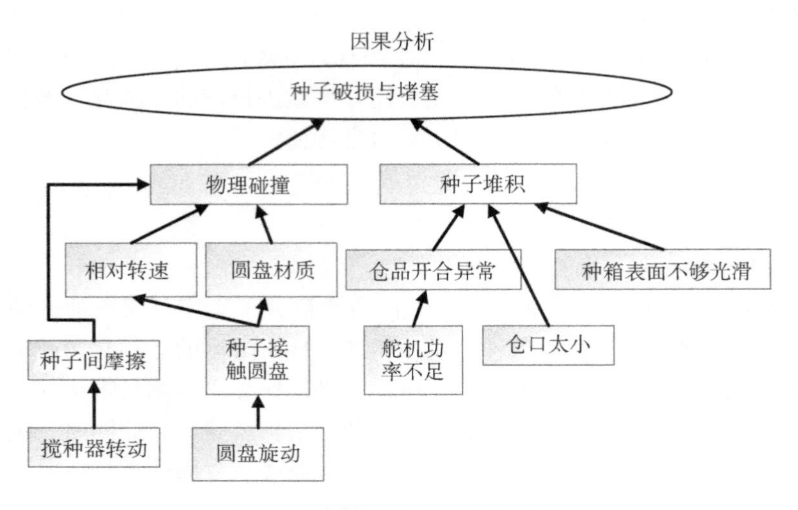

图5　种子破损与堵塞因果分析

3.4　资源分析

如图6所示，在技术系统中的资源，可以利用的是电机的功能资源，电机

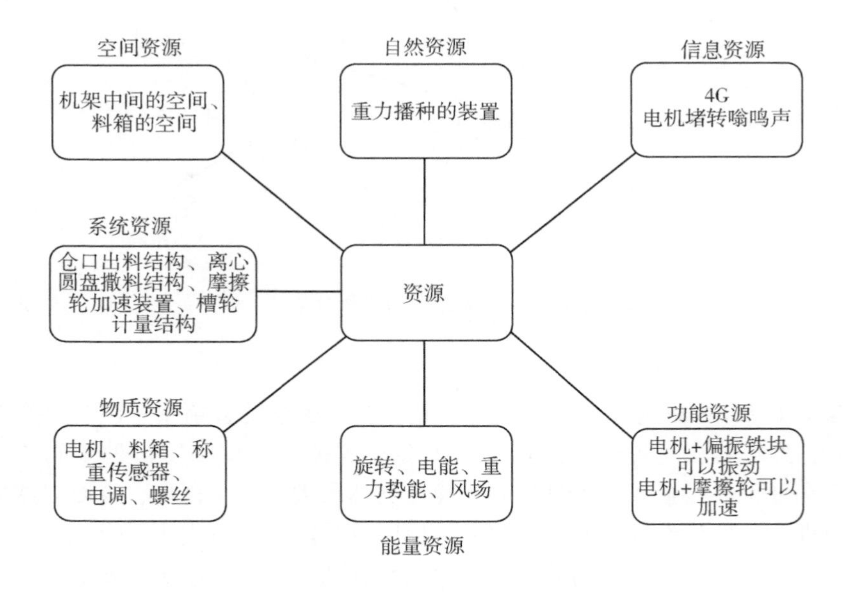

图6　技术系统的资源分析

是目前市场上比较成熟且廉价的资源，在前面的组件功能分析中，电机在此系统中的主要作用是驱动离心圆盘、搅种器、仓门进行转动，但是当电机执行该功能时，均会有有害功能产生。当电机加上不同的执行机构时，它便能完成不同的功能，比如利用电机+摩擦轮的方式来加速种子落下，达到减少风场干扰的作用，利用电机+偏心铁块产生机械振动，从而方便谷种下落又不使种子破损；还可以利用物质资源的称重传感器检测重量，根据其变化判断是否发生种子堵塞；在超系统中，可以利用的能量资源为重力场，重力场在地面处处都有，稳定存在且免费，引导谷种沿着重力方向下落是最省能源与材料的方式。

4　问题求解

4.1　矛盾分析与发明原理

根据 39 个通用技术参数，系统存在的技术矛盾可以分析为以下几点。如果增加数传的散热面积，那么能降低其温度，但是导致重量增加，也可增加风冷或是水冷散热器，但是也会导致系统复杂性增加已经功率的损失；种子搅拌不稳定形成阻塞、仓门落种拱堵导致阻塞，需要拆卸维修会造成时间损失，最好是装置不与种子直接接触或是改变材料降低作用于物体的有害因素；需要减少谷种出仓时受力的数量以及优化受力的方向，使谷种落点稳定；增加系统作用对象种子的强度，减少破损，但会使运动的飞机单位播种面积的能量消耗加大；最后是无人飞机风场，可以使谷种的质量增加或初速度增大，增加了稳定性但导致系统变复杂。

针对散热问题，如果采用了多孔材料对安装了数传位置的盖板进行更换，那么增加了空气的循环流动速度又不给系统增加新的负担，但是结果会造成相关部分结构强度下降，防水问题也会受到影响，解决方案是只在底板替换了更高强度的多孔材料。

对于最初的搅种器转动的辅助落种装置还有落种不顺畅的堵塞问题，因为直接接触谷种导致谷种破碎，而且搅种器不能给谷种提供一个向下的力，根据创新原理，如果采用机械振动的方式来让谷种顺畅下落，通过增加带偏心铁块的电机转动从而产生机械振动引导种子在锥筒内依次单粒排队下落，那么辅助落种同时也能减少磨损，但是增加了系统的复杂性与撒播器的制造成本。

在种子播撒无序性的问题上，我们给撒播器机械结构做了 3 种改进方式。

方案 1：根据周期性动作原理，如果采用了槽轮排种的方式定量落种，那么使种子排量可控，但是会增加能量消耗；

方案 2：根据预先作用原理，如果通过高速转动的一对摩擦轮装置对谷种进行向下加速，使其获得一定的初速度，那么种子受风场影响会减小。摩擦轮的材料采用了橡胶，其安装位置通过弹簧连接的方式使得其具备一定范围的自适应能力，将减少装置对谷种的损伤；利用一定直径的廉价塑料管替代挡板，引导种子下落，但是增加了系统的复杂性。

方案 3：如果根据复制原理，复制多套相同的播种模块，那么可以解决故障维修等问题，但是增加了系统的重量以及制造的成本。

作为系统作用对象的谷种，如果使用复合材料对其进行包衣处理，那么一是做了重量补偿，方便谷种经过摩擦轮获得一定的初速度，二是事先防范了谷种的破裂，三是降低谷种表面的摩擦力，减少堵塞卡种的概率，但是增加了前期的种子处理成本。

4.2 物场分析和标准解

分析判断问题的类型，谷种阻塞、破损、无序均属于需要改进系统一方面，根据实际作用情况给它们建立相对应的物场模型。

如图 7 所示，谷种容易被撒播器中的机械场磨损破坏，导致出苗率下降，产生了有害的效应，根据标准解体系引入 S3 消除有害效应，在谷种外层增加一层包衣外壳，该包衣外壳遇水会自动溶解，不影响客观环境下种子的发芽。

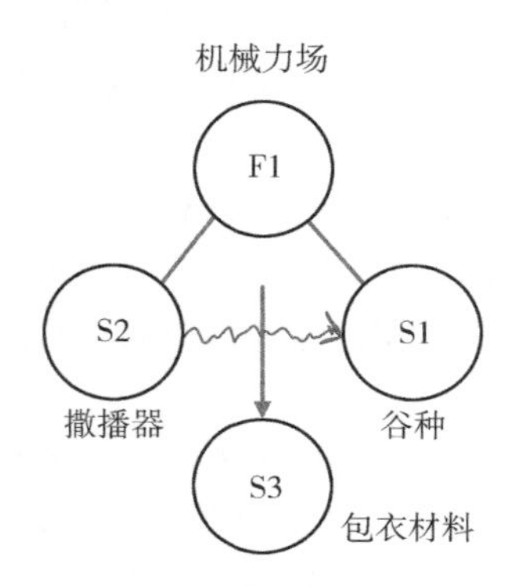

图 7　物场分析 1

离心力在生活中的应用广泛，道理简单，作用直接，在无序播种下该结构能体现出极高的效率，但是因为种子质量不同、落于离心圆盘位置不同等因素，会导致种子下落的位置不能够确定。如图 8 所示，根据增强物质——场模型，利用标准解，在撒播系统中采用更加容易的场——重力场来替代原来不好控制的离心力场。重力的作用永远只向下，在理想条件下，谷种在只受重力场下落的情况下会落于指定位置。

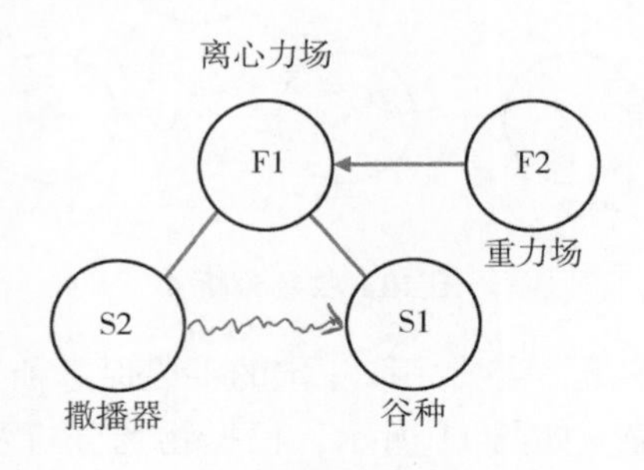

图 8　物场分析 2

无人机依靠旋翼风场飞行，而植保无人机在飞行时产生的风场可以达到十几米每秒，如果不加以干涉，谷种在风场的影响下会变得杂乱。如图 9 所示，利用标准解，利用摩擦轮的加速力场，让种子有一个较快的下落初速度，以此削弱风场对种子落点的影响，同时也让种子能射入泥面一定深度，有利于发芽。

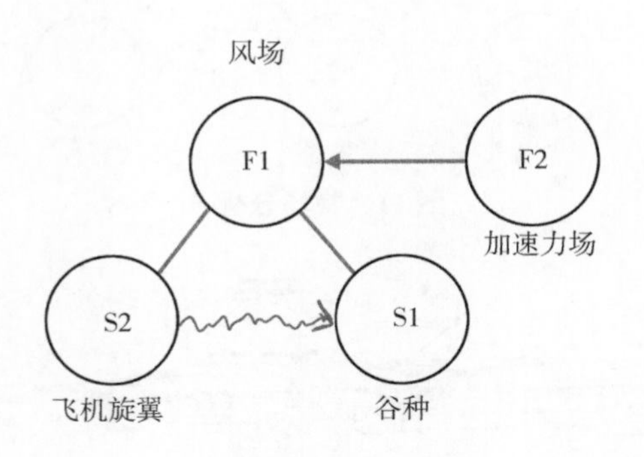

图 9　物场分析 3

离心式撒播器通过舵机带动仓门开合，理论上达不到精量控制落种的效果，在实际应用中只能是模糊控制。如图 10 所示，通过标准解引入改进的电子机械结构，使用槽轮+电机的方式来精准控制落种量。因为槽轮电机的转速可控，槽轮每转一圈落种数量也可控制，所以该组合产生的机械力场能定量地将种子从种箱里排出。

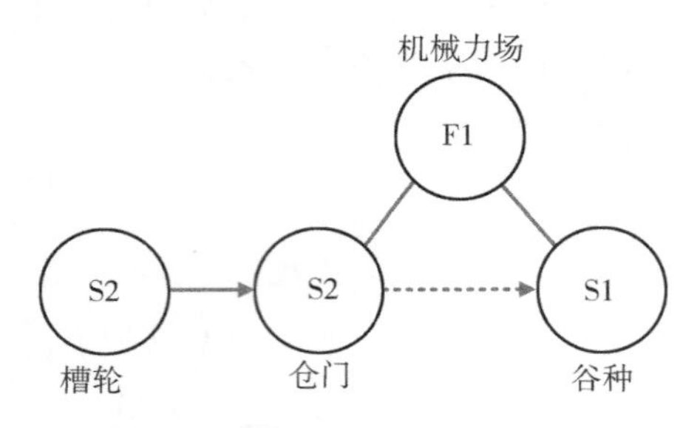

图 10　物场分析 4

因为种子流动性不足，需要采取一定的手段促进种子流动，搅种器搅种效率不高且会使种子破碎。如图 11 所示，根据物场分析及标准解系统，引入改进后的机械装置，外置电机转动带动铁块偏振产生机械振动，谷种在机械振动下落入锥筒单粒排队，最后由摩擦轮提供初速度射入泥土里。改良后的播种无人机设计如图 12 所示。

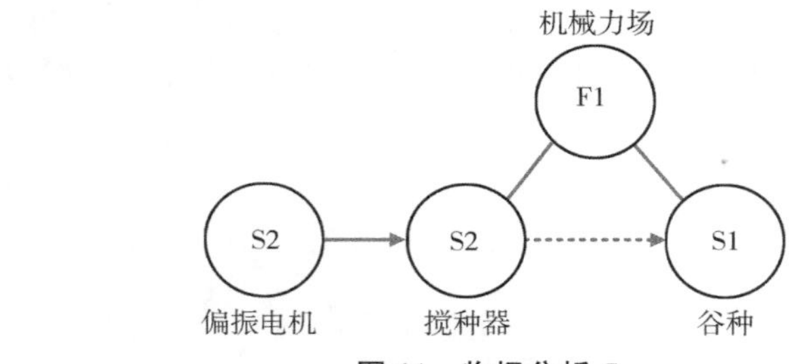

图 11　物场分析 5

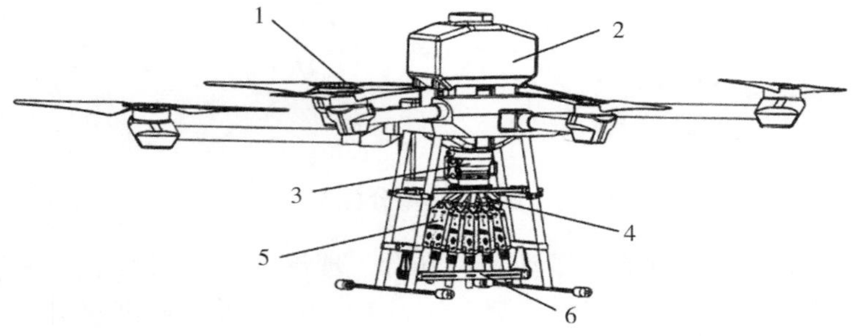

1—无人机机体；2—种植；3—排种器；4—分种器；5—点射播种模块；6—角度调节机构。

图 12　改良后的播种无人机设计

5 方案评估

通过 TRIZ 各种方法分析以及改进，最终创制的排射式有序播种无人具有条播水稻谷种的功能（方案 1），方案 2 为导管引导种子流，方案 3 为压低飞行高度。其中，改进的撒播器消除普通水稻撒播与其无序这对最大的矛盾，也是具有很大开创性的一个发明创造，同时因为结构的改进也很大程度上消除了谷种破碎及卡种的问题，在矛盾消除一方面，综合打分可以达 9 分（满分 10 分）；对于可行性与安全性，因为摩擦轮加速电机结构的设计，使得飞机正常作业飞行高度为 1.5m 左右，符合当下无人机植保行业作业标准，避免了一些操作上的困难，增强了无人机有序播种的操作可行性与地块适应性，目前来说是可以采纳的最佳方案，但因为谷种需要包衣配合该结构，所以增加了一些前期的成本，后期改进也往这方面深入，最终综合打分 7 分；飞机总体撒播结构相比传统离心圆盘撒播结构复杂，多了一些电机需要控制，整体结构纵向跨度较大，对无人机机架的要求比较高，所以该撒播系统的复杂性相对较高，飞行平台适应性低，后续还可进行整体结构的改良，综合打分 7 分。

经过田间作业，已经证明了摩擦轮电机加速下的水稻点射有序播种技术方案可行，是一种水稻种植新器械，一种新的播种概念及方式，是切实有用的具体方案。

方案评估结果如表 1 所示。

表 1 方案评估结果 单位：分

备选方案	消除矛盾	成本	可行性	安全性	复杂性	总分
方案 1	9	7	9	8	7	40
方案 2	8	7	8	5	6	34
方案 3	5	9	6	4	5	29

6 效益评估

水稻点射播种无人机能实现 5 行齐播，根据水稻种植农艺要求，行距 0.25m，飞行作业速度 2m/s，则每小时约能完成 20 亩的播种作业，每天约能完成 160~200 亩播种作业，相比面机械成行播种每亩节约费用为 30~40 元，按照目前国内水稻种植面积估算，若大量投入应用，节省成本金额巨大。此外，本项目的预期研究成果可解决地面种植机械通过性差、无人机撒播作业成行性差，人工水稻种植成本高等诸多问题，可极大促进地方乃至全国水稻种植机械化水平的提高，具有显著的社会效益。

（执笔：林键沁　指导：吕建秋）

一种气力式变量施肥无人机

1 项目背景

传统的施肥方式主要依靠人工施肥来实现，存在施肥效率低、肥料投入不精准、施肥不均匀和肥料利用率不高等问题。这不仅带来了一定程度的经济损失，而且还会引起一系列环境问题，例如，水体中含氧量降低、病虫草害概率上升、保水保肥能力降低和水体富营养化等。与传统施肥方式相比，变量施肥技术能够根据不同作物长势和土壤肥力进行合理的按需施肥，不仅利于化学肥料的减量增效，提高作物的生长水平和提高作物产量，还对改善生态环境和提高经济效益有积极的作用，而且对保护生态环境和人类健康具有重要意义。

我国西南地区的丘陵旱地因生产条件的限制，难以使用大型地面机械作业，主要依靠小型机械来完成农业生产，而小型机械的作业效率还有待提升。目前，变量施肥技术多应用于地面机械，但地面机械在水田、深泥脚田和丘陵山区等地块通过性较差，且对作物的压伤损失率高，作业范围受到局限。农用无人机可实现低空自主飞行，不受地形地貌的限制，能够灵活避开田间的多种动静态元素（防风林、电线杆、田间建筑等），适用于作业环境相对复杂的小田块，得到了广泛的应用。相比传统的人工施肥方式以及地面机械施肥方式，变量施肥无人机根据预设航线能够实现低空无人自主作业，提高了施肥效率和施肥精度，保护了秧苗生长。因此，无人机变量施肥对于提高我国机械化施肥水平，扩大农业航空在现代农业领域的应用具有重要作用。

“十四五”时期是加速推进农业绿色发展的重要机遇期。为了在化肥减量增效方面取得新的更大突破，对施肥作业装备提出了更高的要求。实施化肥农药减量化，既是保障粮食安全，加强生态文明建设的重要举措，也是保障农产品质量的必然要求，是推进农业全面绿色转型的必要手段。2022 年 11 月，农业农村部制定了《到 2025 年化肥减量化行动方案》和《到 2025 年化学农药减量化行动方案》，以加快推进农业绿色发展进程。以突破现阶段施肥技术的发展瓶颈，打破地面施肥机械使用受限的局面，提高机械化施肥水平为目标，研制一种气力式变量施肥无人机，拟解决部分地区机械化变量施肥难的问题，这是对地面施肥机械的重要补充，可有效提高作物施肥机械化水平，加快推进无人机在农业上的应用，进一步推动精准农业航空技术的发展。

2 问题描述

2.1 问题初始情境和系统工作原理

该技术系统的主要功能是实现变量施肥撒播器释放肥料的通畅性。一种气力式变量施肥无人机（图 1），颗粒肥料在重力作用下充满物料箱底部排肥装置的壳体，在排肥轮的作用下被排进多通道气力式撒播器。该撒播器的入风口处安装有涵道风机，在各气力通道内形成高速气流。气力通道内的颗粒肥料在高速气流的作用下从出风口喷出，形成一定的沉积区域。

1—施肥无人机；2—物料箱；3—排肥轮和步进电机；4—涵道风机和步进电机；5—槽轮式排肥装置；6—手持地面站。

图 1 一种气力式变量施肥无人机关键部件示意

多通道槽轮式排肥装置（图 2）是气力式施肥无人机的关键部件之一，因其结构简单，排量精准且可调范围较大，在农业应用中得到广泛应用。该装置采用侧边充肥方式组作业，颗粒肥料沿导流板引入壳体底部，填充槽轮凹槽。

在槽轮转动过程中，凹槽内的颗粒肥料从另一侧排出，完成施肥作业，多余的颗粒肥料被导流板阻拦在充肥侧。槽轮转动时壳体与槽轮之间的底部空间会被再次从侧面填充肥料，从而保持连续施肥。导流板与槽轮的间距可根据不同类型颗粒肥料的流动性进行调节，以保证施肥的精准性。相较于传统的槽轮设计，该装置既能扩大颗粒进入凹槽的范围，又可避免肥料靠重力自动滑落，提高了施肥效率。

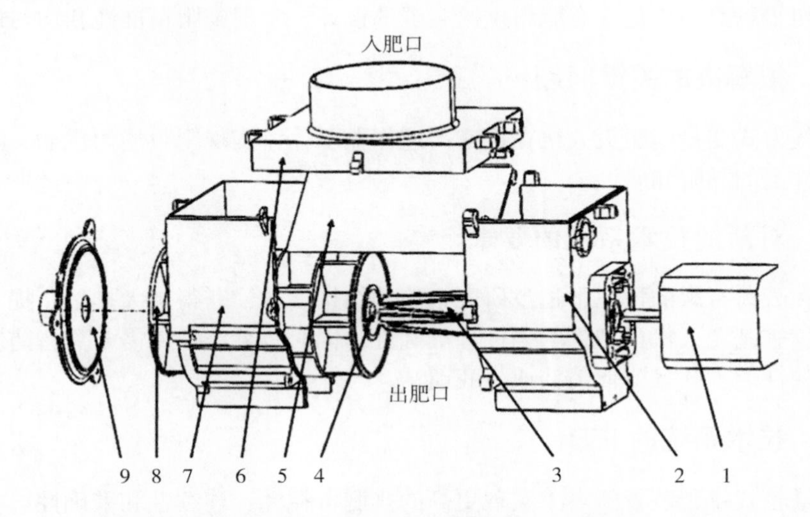

1—步进电机；2—步进电机端壳体；3—锥形轴；4—槽轮轴；5—导流板；
6—肥箱连接件；7—紧固件壳体；8—槽轮；9—紧固件。

图 2 槽轮式排肥装置结构示意图

2.2 系统当前存在的主要问题

该气力式变量施肥无人机的作用是在作物种植过程中连续、均匀地为农作物施肥。但在采用槽轮式排肥装置进行无人机施肥作业时通常会面临以下三个方面的问题。一是施肥无人机体型小，其载荷有限。因此采用轻便、排量范围较大的槽轮式排肥装置，可以有效增加肥料装载量，提高作业效率。二是现有的槽轮式排肥装置在低转速下的脉动性较强，容易产生颗粒流的间歇性振荡。然而，由于施肥无人机前进速度较高，这种振荡会导致颗粒沉积不均，从而造成部分区域少施或漏施，影响农作物正常生长。因此，需要改进槽轮式排肥装置的设计，以减少振荡，保证施肥均匀。三是在施肥无人机作业中，肥料输送过程易受潮结块，对系统和肥料圆盘产生侵蚀。因此，优化现有肥料供给系统，实现更自动化、精准、均匀施肥。

2.3 当前主要问题出现的情况

作物种植过程中为农作物施肥时出现。

2.4 初步思路或类似问题的解决方案及存在的缺陷

初步思路为优化现有肥料供给装置的设计，实现施肥精准性和均匀性。

2.5 拟解决的关键问题

气力式变量施肥无人机在低空高速作业下，可实现肥料均匀撒播，降低其在组件上的黏附和腐蚀。

2.6 对新的技术系统的要求

在载荷有限的情况下通过研究槽轮的结构参数，获得更大排量，提升气力式变量施肥无人机排肥的均匀性和准确性。同时，系统组件需要具备防腐和防黏结的性能，并且方便清洁或自我清洁。

2.7 技术系统的 IFR

槽轮式排肥装置能自主实现更高的排肥可控性、连续性和准确性。

3 问题分析

3.1 九屏幕法

以变量施肥无人机系统为当前的主要研究对象，将其视为一个系统，按照时间和维度的层级，构建了系统的九屏幕法，如图 3 所示。通过子系统未来的预测，利用人工智能算法，可提高系统的精度；同时，通过当前系统的未来预测，可得出对排肥量进行精准调控的策略。此外，进一步利用信息技术，可以提高系统的自动化和智能化程度，为农业生产提供更加高效、可靠的服务。

3.2 IFR 法

根据 TRIZ 最佳理想解的分析方法，确定变量施肥无人机系统的最佳理想解。

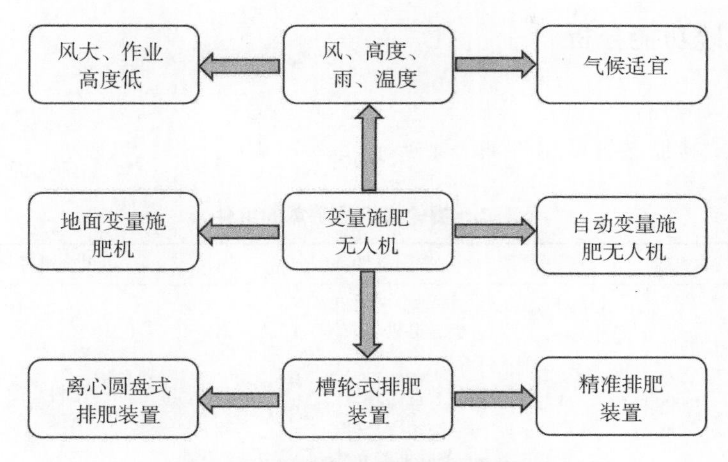

图 3　变量施肥无人机的九屏幕法

（1）该设计的最终目标是什么？

答：提高槽轮式排肥装置排肥可控性、连续性和准确性。

（2）IFR 是什么？

答：槽轮式排肥装置能自动调控肥料的排放量，以满足作物的生长需求，从而实现最佳的施肥效果。

（3）达到最终理想结果遇到的障碍是什么？

答：排肥轮的结构形状。

（4）它为什么成为障碍？

答：在动态填充和排料过程中，排肥轮中不同截面的凹槽对颗粒填充和排料效果有很大的影响，典型的直齿外槽轮排料时会出现明显的脉动现象。

（5）如何使障碍消失？

答：改变排肥轮的凹槽形状（如螺旋槽或交错齿等）。

（6）什么资源可以利用？

答：直槽、外切槽和内切槽。

（7）在其他领域中或其他工具可以解决这个问题吗？

答：不可以。

理想解的方案：采用上排式排肥装置，能够使肥料颗粒均匀、连续从排料口离开，避免出现靠重力自动滑落的现象。

3.3 系统功能分析

3.3.1 组件列表

槽轮式排肥装置的组件如表 1 所示。

表 1 槽轮式排肥装置的组件

技术系统	系统组件	超系统组件
槽轮式排肥装置	排肥步进电机 步进电机端壳体 锥形轴 槽轮轴 导流板 肥箱连接件 紧固件端壳体 槽轮 紧固件	肥料 空气

3.3.2 相互作用分析

技术系统的相互作用分析如表 2 所示。

表 2 技术系统的相互作用分析

组件	排肥步进电机	步进电机端壳体	锥形轴	槽轮轴	导流板	肥箱连接件	紧固件端壳体	槽轮	紧固件	肥料	空气
排肥步进电机		+	+	+	−	−	−	+	−	+	+
步进电机端壳体	+		+	−	−	−	−	−	−	−	+
锥形轴	−	+		−	−	−	−	−	−	+	+
槽轮轴	+	−	−		−	−	−	−	−	+	+
导流板	−	−	−	+		−	−	−	−	+	+
肥箱连接件	−	−	−	−	+		−	−	−	−	+
紧固件端壳体	−	−	−	+	−	−		+	−	−	+
槽轮	+	−	−	+	−	−	−		+	+	+
紧固件	−	−	−	−	−	−	−	+		−	+
肥料	+	−	+	+	+	−	−	+	−		+
空气	+	+	+	+	+	+	+	+	+	+	

3.3.3 功能建模

通过分析槽轮式排肥装置的各组件关系建立功能模型（图 4），图中展示了该系统组件之间的关系，并确定了影响槽轮式排肥装置作业效果的因素有凹槽数、槽轮的长度、半径和凹槽截面形状。其中，合理选择凹槽截面积形状和容积，可改进颗粒肥料填充效果，但当填充率达最大值，槽轮转速增加不再增加排量。此外，图中箭头框内表示组件之间的作用关系和存在的问题，可直观判断问题的关键点并找到解决问题的起点。

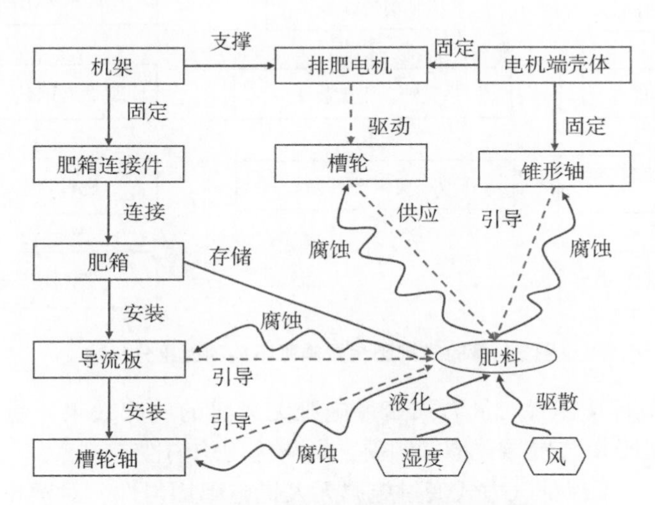

图 4　槽轮式排肥装置系统功能模型

3.4 系统裁剪

方案 1：通过组件的功能模型，分析出可以进行导流板的裁剪，肥料在肥箱中根据重力直接落到槽轮轴上。

3.5 因果分析

为了确定现有问题的原因，根据上述所建立的功能模型进行因果分析（图 5），找到更多解决问题的突破口。

根据图 5 的分析结果，气力式变量施肥无人机施肥不均主要原因如下。

（1）湿润的空气环境导致肥料结块，槽轮式排肥装置内缺少破碎装置。

方案 2：为保证肥料不易结块，肥箱内增加干燥层，可减缓空气对肥料的侵蚀。

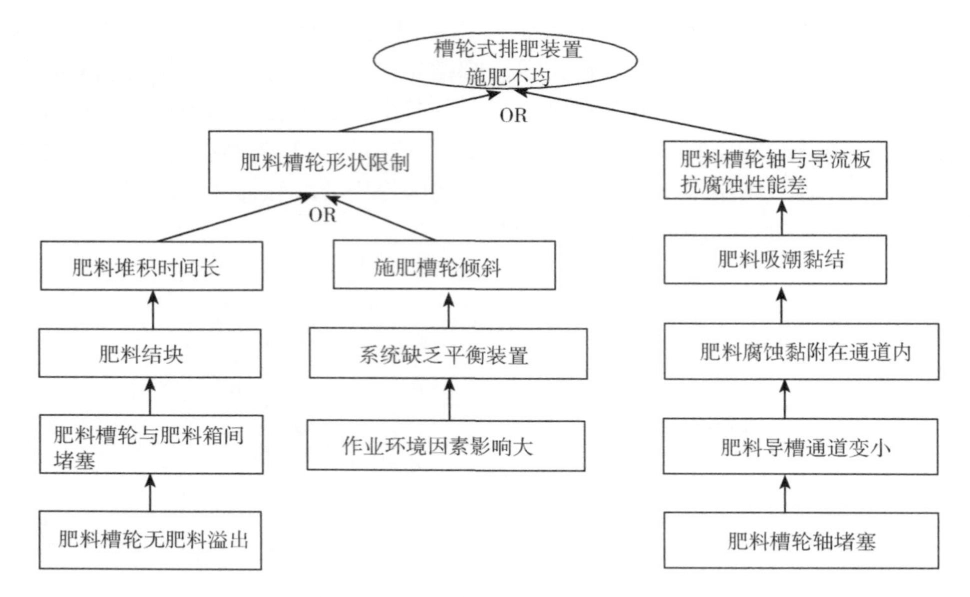

图 5　槽轮式排肥装置施肥不均的因果分析

（2）作业环境因素对气力式变量施肥无人机的施肥效果影响较大，系统缺乏进出肥量平衡装置导致槽轮倾斜，影响施肥均匀性。

方案 3：为了保证气力式变量施肥无人机施肥均匀性，对槽轮结构进行优化，设计上排式排料装置，从而确保进出肥量稳定可控，如图 6 所示。

（3）根据分析，肥料腐蚀槽轮导致其表面粗糙，不利于肥料均匀流出。

方案 4：对槽轮表面进行强化处理，可有效防止肥料腐蚀，同时使槽轮表面更加光滑，保证肥料能够均匀地流出。

3.6　资源分析

为了有效地解决问题，对其进行资源分析和利用，确定可利用的资源列表，并明确资源的一般利用原则。这些原则包括从实物资源到虚拟资源、从内部资源到外部资源、从静态资源到动态资源、从直接资源到派生资源、从廉价资源到贵重资源，深入挖掘出隐性资源，不断优化资源结构，发挥资源的价值。根据这些资源构造概念方案来解决待解决的问题。

方案 5：利用气力式变量施肥无人机旋翼风吹走黏附在肥料导槽上的肥料。

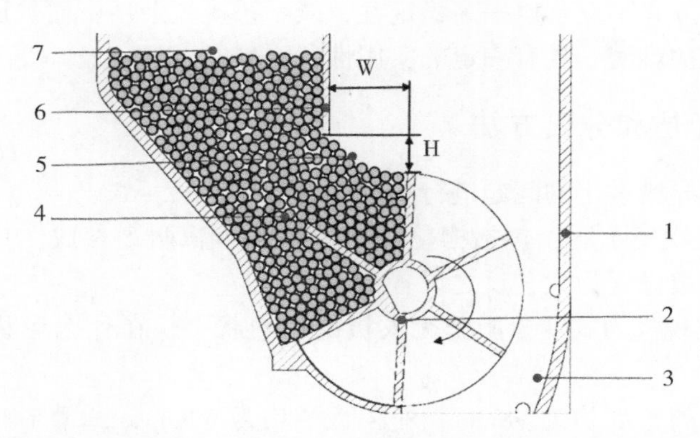

1—壳体；2—排料轮；3—排料口；4—颗粒物料；5—第二充料室；6—导流板；7—第一充料室；W—导流板与排料轮轴线之间的距离；H—导流板与排料轮顶部之间的距离。

图 6 上排式槽轮排料装置示意

4 问题求解

4.1 技术矛盾和创新原理

通过上述因果分析，确定技术矛盾，通过矛盾矩阵明确创新原理，解决工况问题。

(1) 针对“空气侵蚀肥料使其结块造成施肥不均”问题进行技术矛盾分析。拟在肥箱内增设干燥装置，但此举会增加设备的成本和复杂程度。在该问题的通用工程参数中，改善参数为“作用于物体的有害因素”，恶化参数为“系统的复杂性”。通过矛盾矩阵得出创新原理——变害为利原理。

方案 6：针对超系统中电动机运行产生热量的问题，可在肥箱内部设计导热片，导热片另一端连接到电动机上，利于电动机散热的同时防止肥料受潮结块，降低了设备的复杂程度和成本，达到变害为利的目的。

(2) 针对“槽轮形状限制造成施肥不均”问题进行技术矛盾分析。设计上排式排料装置，增加系统的稳定性，但会增加成本和复杂程度（系统的复杂性)。通过矛盾矩阵得出创新原理（抽取原理)。

方案 7：将排肥步进电机和槽轮从机架上取出，通过其自重达到平衡，可避免有害作用源对此区域产生影响，从而解决槽轮形状限制造成施肥不均的问题。这种解决方案不仅可以提高稳定性，减小系统复杂性，而且还可以降低设备的成本和维护难度，具有一定的实用性。

4.2 物理矛盾和分离方法

针对肥料导槽过小的问题进行物理矛盾分析。

（1）定义物理矛盾，包括槽轮凹槽形状和容积两个参数，其中槽轮凹槽形状和容积参数设置为大，反之设置为小。

（2）为实现气力式变量施肥无人机的理想状态，在什么形状和容积下得以实现？

在排料轮的长度均为 98mm，外圆直径均为 60mm，凹槽形状有直槽、外切槽和内切槽 3 种，列数有 4 列、5 列和 6 列共 3 种。如图 7 所示。

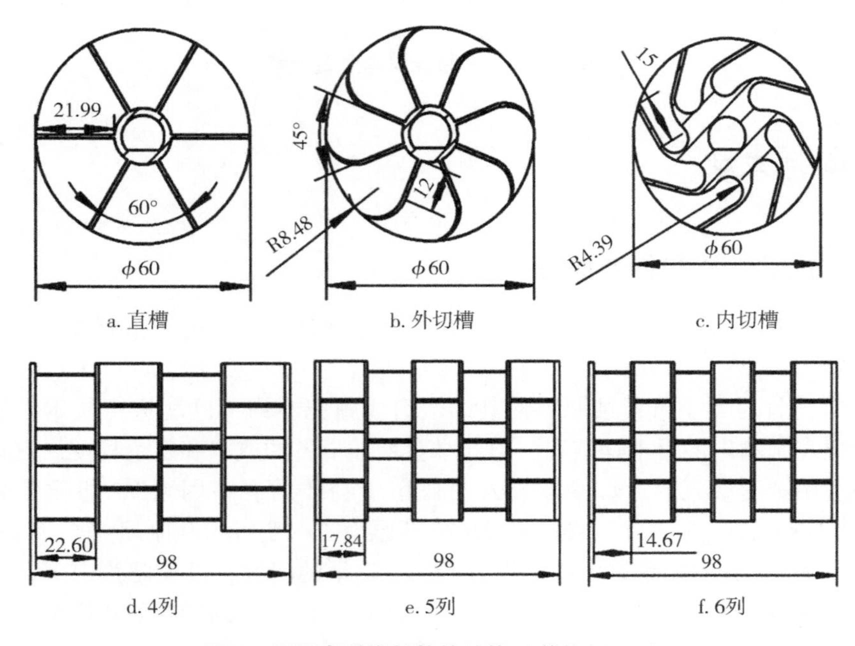

图 7　不同类型排料轮的结构（单位：mm）

根据以上可以得出 9 种排料轮的结构参数组合。直槽排料轮中的颗粒有从排料齿末端离开凹槽的趋势，不利于充分填充；外切槽排料轮使肥料颗粒具有向下运动的惯性，利于进入凹槽，在排料轮向上旋转的过程中也不容易飞出；内切槽排料轮有利于颗粒进入凹槽。

物理矛盾1：槽轮凹槽形状和容积越大，减少堵塞；槽轮凹槽形状和容积越小，虽利于安装且占用空间少，但容易出现堵塞的问题。

基于创新原理——矛盾属性空间分离原理，提出如下解决方案。

方案8：将槽轮分成两部分，便于组装、拆卸和清洁，并根据肥料颗粒的大小选择合适的槽轮参数组合。减少了槽轮的堵塞，确保肥料可流畅地通过槽轮。

4.3　物场分析和标准解

（1）针对槽轮积聚肥料导致排肥不连续的问题，需要明确问题部位和建立物场模型，以便分析和解决问题。

（2）在物场模型中，槽轮（S1）是一个静止的资源，用于积聚肥料。系统内，槽轮积聚肥料（S2）是影响排肥连续性的主要原因。此外，外界环境资源（F）的压力和重力也会对排肥产生影响。

（3）应用标准解法需要在拆解物场模型的基础上，分析系统内的资源、外界环境资源和超系统资源，并提出相应的解决方案。针对槽轮积聚肥料导致排肥不连续的问题，可以采用改进的槽轮装置（S3）来平衡肥料自身的重力。在新的物场模型中（图8），槽轮（S1）和槽轮的积聚肥料（S2）仍然是系统内的资源，外界环境资源（F）的压力和重力也需要考虑。在超系统资源方面，可以通过气力式变量施肥无人机来控制肥料的投放量，并保证施肥效率和精度。

方案9：为解决肥料挤压结块的问题，引入改进的槽轮装置。

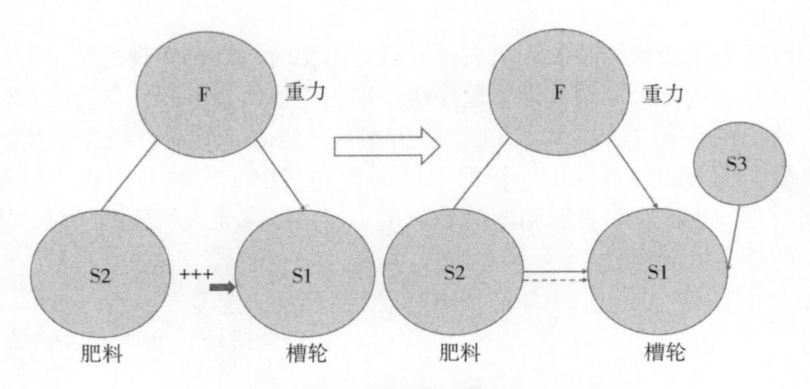

图8　新的物场模型

5　方案评估

针对槽轮积聚肥料导致排肥不连续的问题，采用技术系统进化法则并结合经济评价和社会评价对上述方案进行综合评价，对比各方案的优缺点、技术先进性和实施可行性，得出最优方案（表3）。通过分析，最终选择在肥箱内增加干燥层，减缓空气对肥料的侵蚀（方案2）、优化槽轮结构，设计上排式排料装置（方案3）、对肥料槽轮进行表面强化处理（方案4）共同组合确定主要执行方案，该方案可防止肥料腐蚀设备，成本相对较低且不增加系统的复杂性。

表3　方案评估结果　　单位：分

备选方案	消除矛盾	成本	可行性	安全性	复杂性	总分
方案1	16	15	16	14	17	78
方案2	19	18	19	17	17	90
方案3	19	19	18	19	18	93
方案4	17	18	19	18	19	91
方案5	15	14	11	16	14	70
方案6	14	13	10	14	13	64

6　效益评估

一种气力式变量施肥无人机在低空高速追肥时，既要实现施肥量的均匀和连续，又要实现更大范围的排肥量控制。采用上述执行方案，结合实际的生产情况，这三种方案（方案2、方案3、方案4）同时实施时，施肥效率大大提高，实现了较大的排量范围、较低的脉动性和缓解了肥料对组件的黏结、腐蚀，同时也减少了肥料在肥箱内的残余量，切实提高无人机施肥质量，可以带来有益的社会经济效益。

（执笔：欧媛珍　指导：吕建秋）

基于 TRIZ 理论提高卷盘喷灌机排管机构运动灵活性

1 项目背景

卷盘喷灌机的排管机构位于左右架体之间，当田间作业时，排管机构引导大卷盘上已排列好的 PE 管一层一层地卸到田间，进行喷灌作业；当田间作业完毕，大卷盘回收 PE 管时，又需要将田间的 PE 管一层一层有序、整齐地排列在大卷盘上面进行移车。卷盘喷灌机如图 1 所示。

图 1 卷盘喷灌机

往复丝杠上面的小链轮的旋转，带动丝杠也旋转，从而推动丝杠滑块往复运动，而丝杠滑块嵌套在导向主管里面，所以丝杠滑块的运动必然带动导向主管运动，导向主管带动排管器运动，进而使夹在排管器中间的 PE 管能够一层一层、有序、整齐、均匀地排列在卷盘上面。排管机构如图 2 所示。

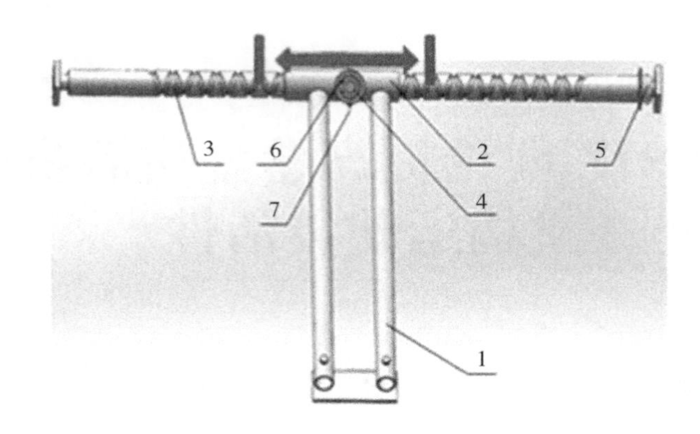

1—排管器；2—导向主管；3—往复丝杠；4—丝杠滑块；5—小链轮；
6—弹性挡圈；7—直通式油杯。

图 2　排管机构

2　问题描述

当田间作业完毕收回 PE 管时，将变速杆置于适当的 PE 管回收挡位，进行 PE 管回收，卷盘喷灌机的排管机构能够引导、排列 PE 管，使 PE 管有序、整齐、一层一层缠绕在卷盘上。但有时卷盘喷灌机的排管机构运动不灵活，不能满足 PE 管在大卷盘上有序、整齐、一层一层缠绕在卷盘上的要求。

卷盘喷灌机排管机构的丝杠滑块在运动中容易卡住，导致 PE 管排列不整齐、不均匀，或者滑块运动不到两端。要想要求卷盘喷灌机排管机构运动灵活，排列 PE 管整齐、均匀，就要丝杠滑块运动灵活、及时。

3　问题分析

3.1　系统组件功能模型分析

通过图 3 的组件模型分析，得出功能问题是往复丝杠和丝杠滑块的相互磨损以及导向主管对往复丝杠的磨损，使排管机构运动不灵活，使之排列 PE 管不整齐、不均匀。

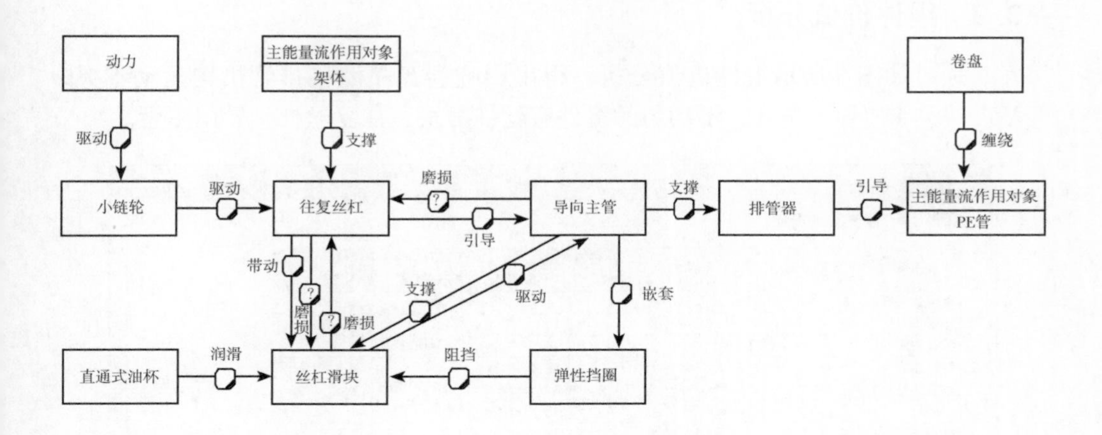

图 3　系统组件功能模型

3.2　流模型分析

通过图 4 所示的流模型分析，得出往复丝杠和丝杠滑块的磨损以及导向主管对往复丝杠的磨损，使能量在传递过程中有损失，所以排管机构运动不灵活，排列 PE 管不整齐、不均匀。

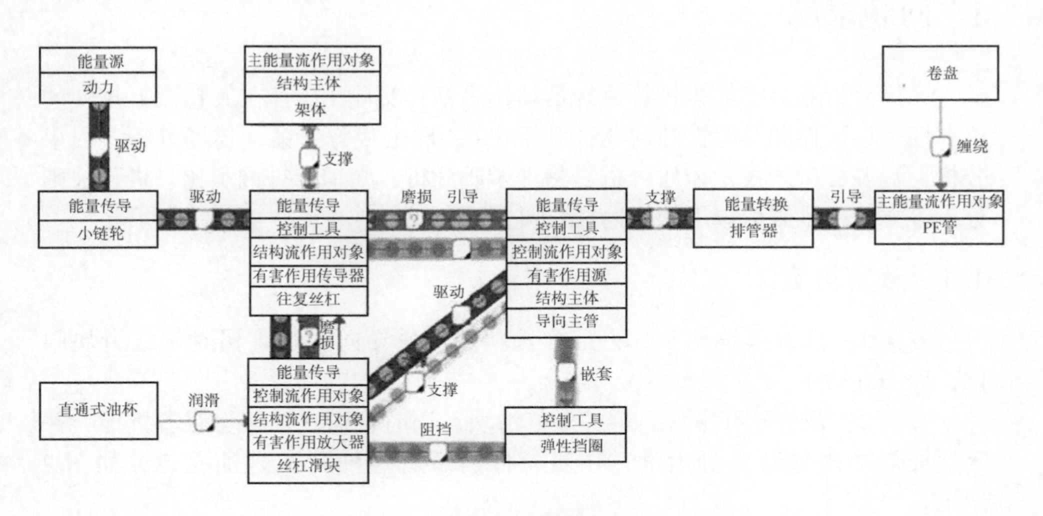

图 4　流模型

3.3 组件价值分析

通过如图 5 所示组件价值分析，得出影响卷盘喷灌机排管机构运动不灵活、排列 PE 管不整齐、不均匀的组件有丝杠滑块、往复丝杠、导向主管。

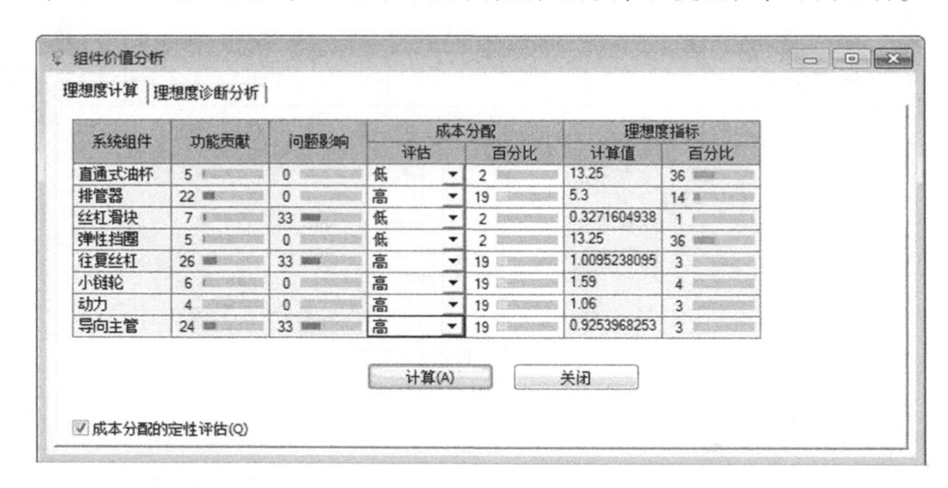
组件价值分析

理想度计算 | 理想度诊断分析

系统组件	功能贡献	问题影响	成本分配		理想度指标	
			评估	百分比	计算值	百分比
直通式油杯	5	0	低	2	13.25	36
排管器	22	0	高	19	5.3	14
丝杠滑块	7	33	低	2	0.3271604938	1
弹性挡圈	5	0	低	2	13.25	36
往复丝杠	26	33	高	19	1.0095238095	3
小链轮	6	0	高	19	1.59	4
动力	4	0	高	19	1.06	3
导向主管	24	33	高	19	0.9253968253	3

计算(A)　关闭

成本分配的定性评估(Q)

图 5　组件价值分析

4　问题求解

通过分析卷盘喷灌机排管机构运动不灵活，影响 PE 管在大卷盘上排列的整齐性、均匀性和及时性的问题，基于 TRIZ 理论裁剪方案、物场分析、因果分析、资源分析、技术矛盾分析、物理矛盾分析、知识库查询类比、进化法则分析等方法初步采取以下 19 种方案进行问题求解。

4.1 裁剪方案

方案 1：裁剪弹性挡圈。去掉弹性挡圈，使导向主管直接对丝杠滑块限位，如图 6 所示。

方案 2：裁剪丝杠滑块。拆掉丝杠滑块，同时直通式油杯也跟着拆掉，往复丝杠带动排管器自身运动，往复丝杠内带有通油孔及含油孔道，如图 7 所示。

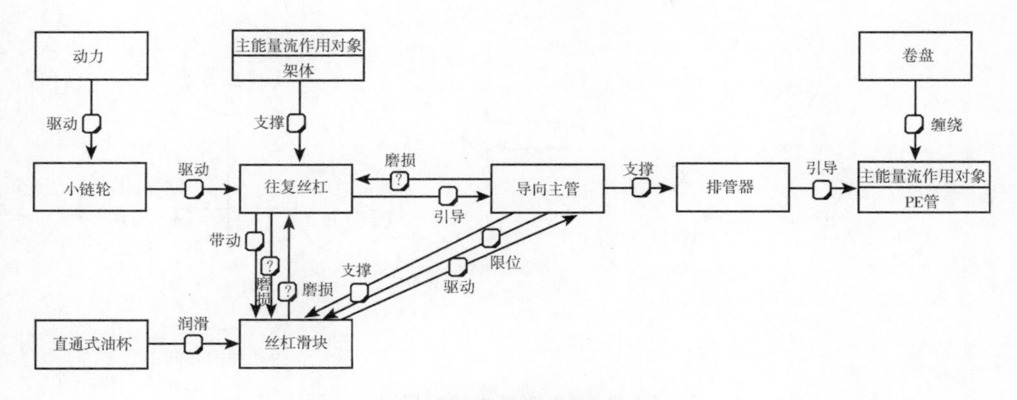

图 6　裁剪弹性挡圈模型

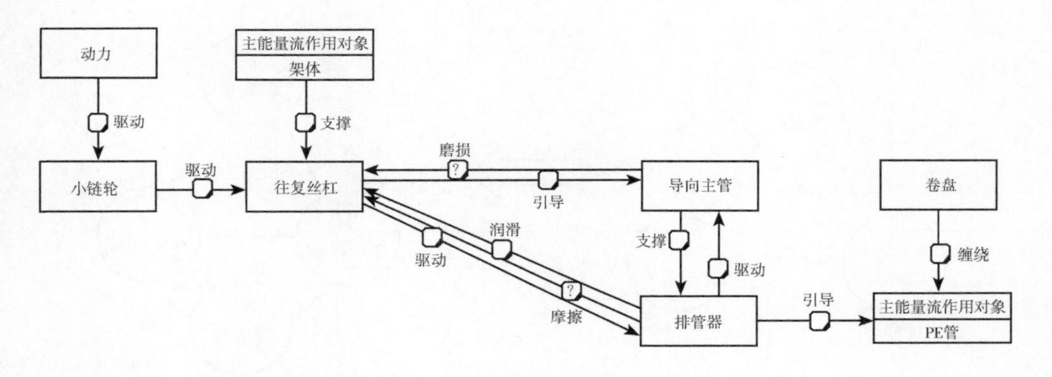

图 7　裁剪丝杠滑块

4.2　物场分析

方案 3：往复丝杠进行表面处理。导向主管对往复丝杠的摩擦，引起往复丝杠的磨损。引入系统中现有物质导向主管和往复丝杠的变异物，往复丝杠表面沾火、表面陶瓷镀层，提高往复丝杠的耐磨程度，进而减少与导向主管的磨损。建立物场模型如图 8 所示。

方案 4：引入润滑场，润滑往复丝杠和丝杠滑块。丝杠滑块对往复丝杠有摩擦作用，长期摩擦作用，导致往复丝杠磨损。在丝杠滑块和往复丝杠之间引入润滑场，使之运动灵活，减少摩擦。建立物场模型如图 9 所示。

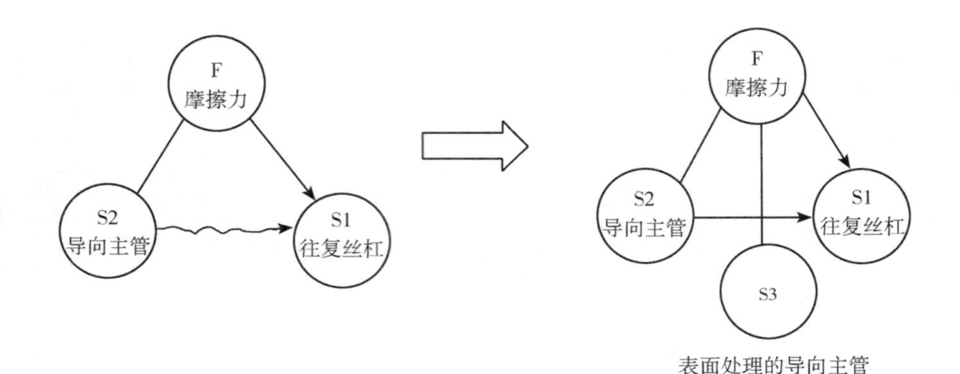

图 8　引入变异物的物场模型

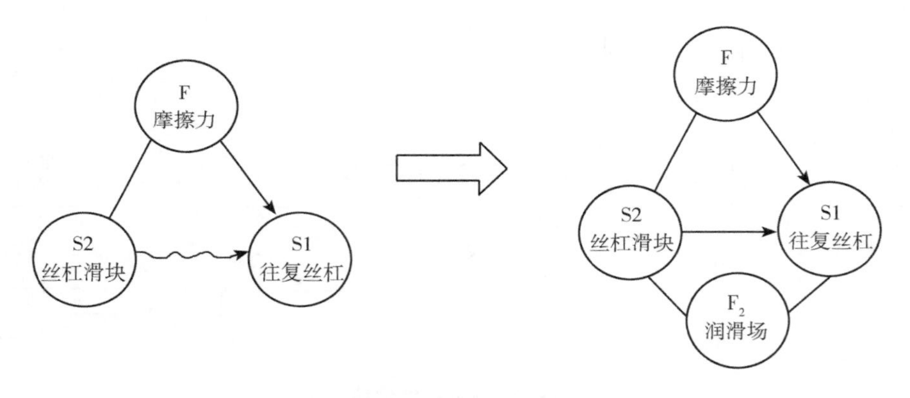

图 9　引入润滑场的物场模型

4.3　因果分析

造成卷盘喷灌机排管机构运动不灵活的问题点如下。一是动力不足。二是丝杠滑块由于摩擦而受损。三是往复丝杠与丝杠滑块的长期摩擦而受损，使之运动不灵活。因果分析如图 10 所示。通过因果分析得出 2 个方案。

方案 5：更换往复丝杠。更换往复丝杠的材料，提高耐磨性，延长其使用寿命，减少与丝杠滑块和导向主管的摩擦损害，而且保留了其有用功能。

方案 6：改变丝杠滑块与往复丝杠的接触面。改变丝杠滑块与往复丝杠的接触面，由原来的面接触改为点接触，从而减少与往复丝杠的摩擦，提高其运动灵活性，消除与往复丝杠的有害摩擦作用，而且保留了其有用功能。

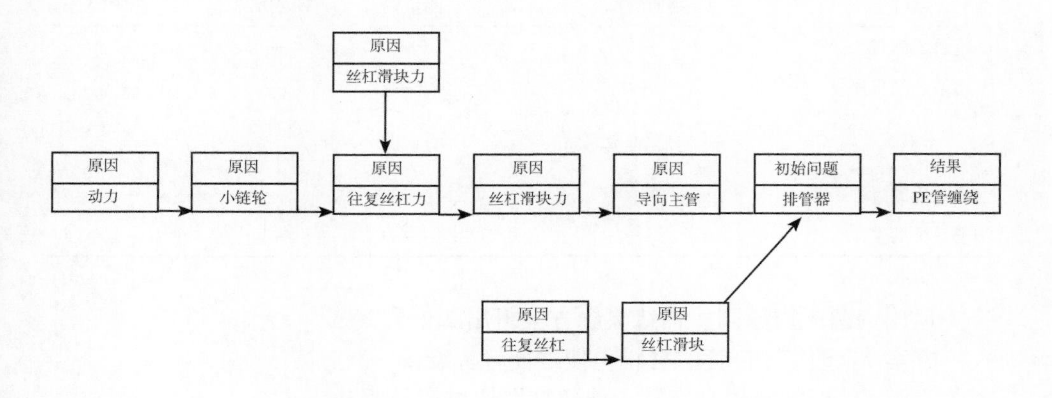

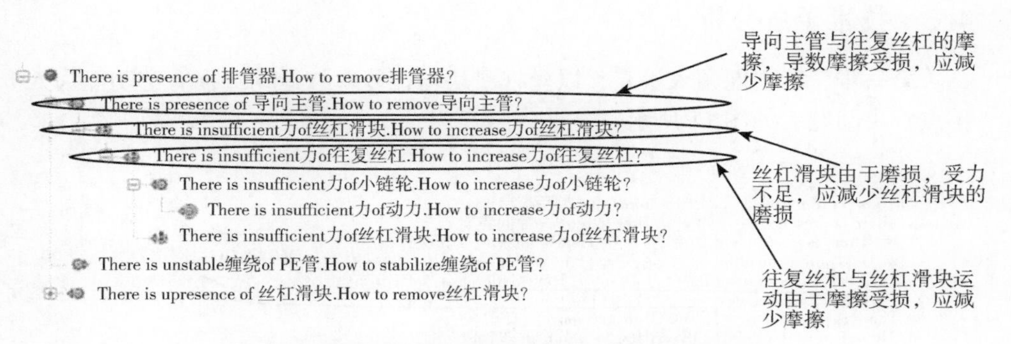

图 10　卷盘喷灌机排管机构运动不灵活的因果分析

4.4　资源分析

通过资源分析，确定资源列表如表 1 所示。

表 1　卷盘喷灌机排管机构资源分析

系统	物质资源	能量资源	空间资源	功能资源
当前系统	改变排管器形状	动能	—	限位 PE 管
系统的过去	—	—	—	—
系统的未来	—	—	—	—
超系统	变轻、变细的 PE 管、强度大的卷盘	动能	卷盘外围	动能

(续表)

系统	物质资源	能量资源	空间资源	功能资源
超系统的过去	—	—	—	—
超系统的未来	—	—	—	—
子系统	变细的两根竖直管	动能	竖直管 外围空间	—
子系统的过去	—	—	—	—
子系统的未来	—	—	—	—

运用资源应用原则、构造概念方案得出 2 个方案。

方案 7：改变 PE 管的材料，使之变轻、变细。

方案 8：变细两根竖直管，使丝杠滑块更容易驱动。

4.5 技术矛盾分析

第一步，确立问题入手点，以丝杠滑块与往复丝杠运动磨损有害功能为入手点解决问题，如图 11 所示。

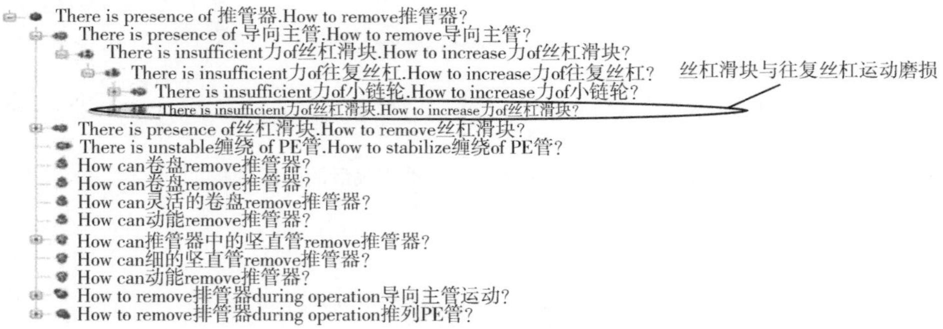

There is presence of 推管器.How to remove推管器?
There is presence of 导向主管.How to remove导向主管?
There is insufficient力of丝杠滑块.How to increase力of丝杠滑块?
There is insufficient力of往复丝杠.How to increase力of往复丝杠?
丝杠滑块与往复丝杠运动磨损
There is insufficient力of小链轮.How to increase力of小链轮?
There is insufficient力of丝杠滑块.How to increase力of丝杠滑块?
There is presence of丝杠滑块.How to remove丝杠滑块?
There is unstable缠绕 of PE管.How to stabilize缠绕of PE管?
How can卷盘remove推管器?
How can卷盘remove推管器?
How can灵活的卷盘remove推管器?
How can动能remove推管器?
How can推管器中的坚直管remove推管器?
How can细的坚直管remove推管器?
How can动能remove推管器?
How to remove排管器during operation导向主管运动?
How to remove排管器during operation推列PE管?

图 11　技术矛盾分析

第二步，初步改进方法：将丝杠滑块与往复丝杠的接触面变小，减少丝杠滑块与往复丝杠的运动摩擦接触面积，从而降低丝杠滑块与往复丝杠由于运动磨损的有害作用，而且保留了其有用功能。

第三步，确立矛盾：改善的参数，运动物体的面积，恶化的参数，可制造性。

通过查询创新原理得出 4 个方案。

方案 9：运用反向作用原理。运用反向作用原理，将排管器外面加一层套筒，两端用轴承连接，使外面那层套筒能够旋转，这样在排管器排列 PE 管时，将原来的滑动摩擦变滚动摩擦，从而减少丝杠滑块与往复丝杠的摩擦阻力，使磨损有害作用减少。

方案 10：运用分割原理。运用分割原理，将排管器与丝杠滑块分开，排管器跟随丝杠滑块运动对 PE 管限位，这样减少 PE 管对丝杠滑块的阻力，进而减少丝杠滑块与往复丝杠的摩擦阻力，从而使有害作用消除。

方案 11：运用复制原理。运用复制原理，使用运动灵活、耐磨的钢球来代替丝杠滑块，从而减少与往复丝杠的运动磨损，使之运动更灵活。

方案 12：运用借助中介物原理。运用借助中介物原理，在丝杠滑块与往复丝杠之间加入一种耐磨物质，抵消丝杠滑块与往复丝杠之间的摩擦力，从而使丝杠滑块的磨损减少。

4.6 物理矛盾分析

通过技术系统的因果轴分析，以往复丝杠暴露在导向主管外面，受外界污染为入手点。为了避免往复丝杠受外界环境的污染，需要加长导向主管，但排管器将无法运动。所以定义物理矛盾的参数是长度，既要求长，又要求短。为了实现技术系统的理想状态，在不排列 PE 管时要求长，在排列 PE 管时要求短。以上两个时间区域没有交叉，所以可以应用时间分离得出 2 个方案。

方案 13：运用动态特性原理。将导向主管做成套筒式的，当排列 PE 管时，导向主管的套筒都收回去，当不排列 PE 管时，导向主管的套筒都打开，从而阻隔往复丝杠受外界污染。

方案 14：运用周期性作用原理。将导向主管做成实际长度与往复丝杠一样长，可伸缩式的，当排管器向左运动时，导向主管左面收缩，右面延伸；当排管器向右运动时，导向主管右面收缩，左面延伸。这样往复丝杠完全避免外界污染。

4.7 知识库查询类比

第一步定义查询知识点：磨损或摩擦力。第二步查询知识库获取方案启发点《快速加热及冷却在无强度损失的情况下增强活塞环的耐磨能力》。第三步形成方案：快速加热及冷却往复丝杠沟槽。得出 2 个方案。

方案 15：利用激光辐射加热往复丝杠沟槽提高耐磨性。将往复丝杠暴露在激光辐射下并持续很短的时间。这一加热步骤完成后，立即将往复丝杠放入相应的冷却介质中进行快速冷却。在快速加热过程中，只有往复丝杠的沟槽表面有时间被加热到高温。铁碳沉积物只在沟槽表面层上形成。这样就增加了往复丝杠的耐磨性，从而降低磨损。

方案 16：利用等离子体焊锯火焰加热往复丝杠沟槽提高耐磨性。将往复丝杠暴露在等离子体焊锯火焰下持续很短的时间。然后立即将往复丝杠放入相应的冷却介质中进行快速冷却。在快速加热过程中，只有往复丝杠的沟槽表面有时间被加热到高温。铁碳沉积物只在沟槽表面层上形成。这样就增加了往复丝杠的耐磨性，从而降低磨损。将往复丝杠快速冷却阻断了往复丝杠材料内部的热传播。往复丝杠的主体部分没有变脆，从而在使用过程中不会发生断裂。

4.8 进化法则分析

通过进化法则分析得出 3 个方案。

方案 17：导向主管两端做成柔软可伸缩的胶管。将导向主管两端做成柔软可伸缩的胶管，当丝杠滑块向左运动时，左面收缩右面拉伸；当丝杠滑块向右运动时，右面收缩左面拉伸，这样减少与往复丝杠的磨损且防止外界灰尘进入，进而减少外界环境污染，从而减少磨损，如图 12 所示。

图 12　可伸缩胶管

方案 18：往复丝杠的沟槽做成滚珠排列的形式，丝杠滑块与往复丝杠接触的表面做成凹形表面。将往复丝杠沟槽做成滚珠排列的形式，将丝杠滑块与往复丝杠接触的表面做成凹形表面，这样将原来的滑动摩擦变滚动摩擦，从而减少摩擦，减少磨损。

方案 19：在导向主管与往复丝杠之间引入一种场。在导向主管与往复丝杠之间引入一种场，这种场抵抗外界污染，进而使排管器运动灵活，排列 PE 管整齐、均匀。

5 方案评价

通过对上面 19 个方案的评价，如图 13 所示。4 个方案（方案 17、方案 9、方案 10、方案 18）效果进行组合，得到一个最优方案。即导向主管两端做成柔软可伸缩的胶管。运用反向作用原理，将排管器外面加一层套筒，两端用轴承连接，使外面那层套筒能够旋转，这样在排管器排列 PE 管时，将原来的滑动摩擦变滚动摩擦，从而减少丝杠滑块与往复丝杠的摩擦阻力，使磨损有害作用减少。运用分割原理，将排管器与丝杠滑块分开，排管器跟随丝杠滑块运动对 PE 管限位，这样减少 PE 管对丝杠滑块的阻力，进而减少丝杠滑块与往复丝杠的摩擦阻力，从而使有害作用消除。往复丝杠的沟槽做成滚珠排列的形式，丝杠滑块与往复丝杠接触的表面做成凹形表面。

序号	备选方案	可操作性/%	复杂度 /%	成本 / 元	方案评价 /分
1	方案17-导向主管两端做成柔软可伸缩的胶管	95.00	25.00	250.00	100
2	方案18-往复丝杠的沟槽做成滚珠排列的形式	90.00	25.00	300.00	98
3	方案9-运用反向作用原理	90.00	25.00	300.00	98
4	方案10-运用分割原理	90.00	25.00	300.00	98
5	方案6-改变丝杠滑块与往复丝杠的接触面	50.00	35.00	200.00	71
6	方案5-更换往复丝杠	50.00	30.00	300.00	71
7	方案1-裁剪弹性挡圈	30.00	35.00	220.00	56
8	方案3-往复丝杠进行表面处理	30.00	35.00	200.00	56
9	方案13-运用动态特性原理	40.00	25.00	150.00	54
10	方案12-运用借助中介物原理	50.00	15.00	100.00	53
11	方案11-运用复制原理	50.00	15.00	100.00	53
12	方案8-变细两根竖直管，使丝杠滑块更容易驱动	40.00	20.00	200.00	52
13	方案7-改变PE管的材料，使之变轻、变细	25.00	35.00	200.00	52
14	方案15-利用激光辐射加热往复丝杠沟槽提高耐磨性	25.00	20.00	500.00	51
15	方案19-在导向主管与往复丝杠之间引入一种场	25.00	30.00	250.00	50
16	方案4-引入润滑场，润滑往复丝杠和丝杠滑块	25.00	30.00	220.00	49
17	方案14-运用周期性作用原理	20.00	25.00	300.00	44
18	方案16-利用等离子体焊锯火焰加热往复丝杠沟槽提高耐磨	20.00	25.00	200.00	41
19	方案2-裁剪丝杠滑块	20.00	20.00	300.00	40

图 13　方案评价结果

6 效益评估

通过方案组合，可以提高卷盘喷灌机排管机构运动灵活性，改善加工品质，提高产品优良率，节约资金。提高卷盘喷灌机排管机构运动灵活性，工艺简单，制造方便，节省生产成本。通过方案组合，提高卷盘喷灌机排管机构运动灵活性，能够使PE管有序、整齐、及时地排列在卷盘上，提高工作效率，延长使用寿命，操作更方便。

（执笔：苏佳佳　高晓宏　李凤鸣　郭炜）

一种基于无人机的物联网灌溉系统

1 项目背景

中国的淡水资源总量比较丰富，淡水总量排在世界第四位。但由于我国人口众多，人均淡水量只占世界人均水平的1/4。农业用水在我国的总用水量中占据重要地位，农业灌溉用水在农业用水中占据较大比例。但我国的农业灌溉利用率较低为30%～40%，而农业灌溉用水利用率较高的国家的水资源灌溉利用率为70%～80%。由此可见，我国在提高农业灌溉率方面还有很长的路要走。

众所周知，中国是农业大国，农业灌溉水主要用于果蔬粮食等作物上，这些是农民收入的主要来源，而果树就是其中重要的一环。因地制宜地发展果树生产，对于农业生产将会起到一定的推动作用。在我国，果树生产历史比较悠久的地区不在少数，其中不少地区经过历史的沉淀，已经发展了优良的果树生产技术，有效促进了当地的果树生产，提高了经济效益。适时适量地灌溉用水，有利于促进果实的成长发育，增加果树生物量的积累，促进果树光合作用、蒸腾作用，进而提高果树产量。因此，研究果园节水问题对指导农业生产，进行农业结构调整具有重要价值和意义。

为了高效提升农业现代化、自动化技术水平，合理进行农业灌溉，提高果园用水利用率，将智能灌溉体系引入物联网管控技术势在必行。经查阅资料可知，大多数的农业灌溉技术只是停留在小范围、手动控制及经验判断层面。信息化和物联网技术的发展与应用推动着传统农业向现代农业转变。

与传统的灌溉装置相比，物联网灌溉装置内置中短距离无线通信模块，可连接多种传感器，能够采集环境温湿度、光照强度、降水量、土壤墒情等信息，并进行智能决策、自动灌溉，极大地提高了农业灌溉用水的利用率。物联网灌溉装置可以在完成灌溉任务的同时，自动采集农情环境信息（图1）。目前，我国很大一部分物联网灌溉设施被部署在通信基础设施薄弱的偏远山区

（如川藏公路仅在国道上有 GPRS 网络覆盖），无 GPRS 或 3G 等通信网覆盖，控制器难以与远端服务器建立连接，导致控制参数不能实时快速更改、环境数据无法及时上传，不能发挥物联网技术的优势。故迫切需要寻找一种不依赖移动通信网快速设置、修改灌溉调控参数的方法与装置。

一种常见的解决方案是利用大功率（发射功率 20W 以上）数传电台实现远距离通信，该方案一方面功耗较大；另一方面，用户需要为每套数传电台申请专用通信频率，不适合大规模推广应用，不是最理想的解决方案。无人飞行器具有体积小巧、制造成本低廉、起降场地要求低等特点，可在各种环境中快速部署起飞。目前，流行于全球航模爱好者群体中的航空模型都为国内东南沿海地区的厂商设计、制造。我国已具备研发、生产各型无人飞行器的技术实力。

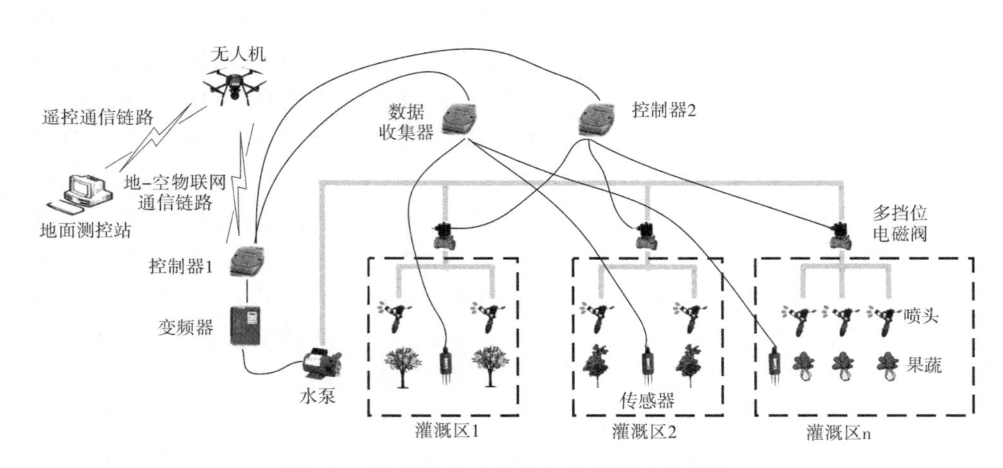

图 1　一种基于无人机的智能灌溉系统模块

2　问题描述

上述基于无人机的智能灌溉系统成本较低，可靠性较高且不依赖移动通信网。该系统可分为数据采集系统、喷灌系统、控制系统和通信系统。其中，数据采集系统由湿度、光照度、温度等传感器与数据收集器构成。系统分为两步工作。第一步，由各类传感器收集各灌溉区的土壤信息，传给数据收集器，然后交由控制器无线传递给地面测控站，但由于许多地区通信基础设施薄弱，故控制器先通过地-空物联网传给无人机，再通过遥控通信链路传递给地面测控站。第二步，测控站获取到土壤信息后，进行分析研究，计算出各区域应有的喷水量，通过无人机传递回控制器。此时分为大、小区域灌溉两种情况。若为目的控制区为小区域，如灌溉区，则直接通过电磁阀进行控制区域喷头的出水量；若为大区域，如全部灌溉区，则通过变频恒压方式增压水阀，结合电磁阀一起控制出水量。

从上述智能灌溉系统的主要工作流程中可以看出，可以通过无人机中转信号，实现信号弱地区的信息传输工作，但还存在一些不足。

3 问题分析

3.1 九屏幕法

物联网灌溉系统的九屏幕法如图 2 所示。

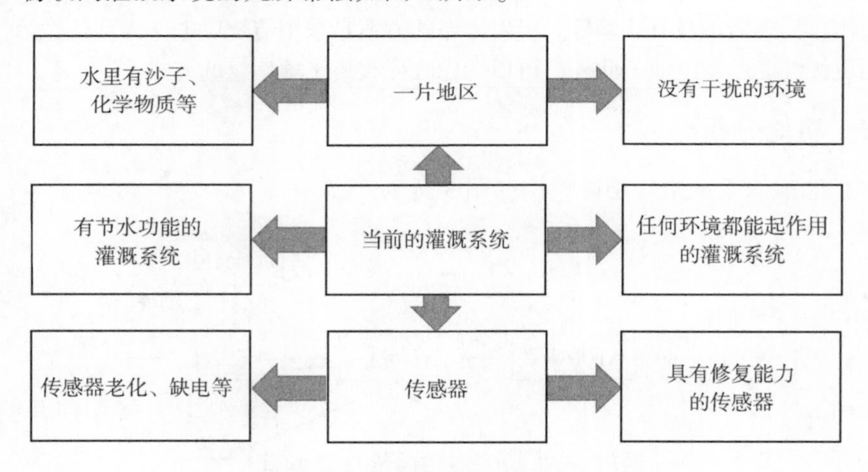

图 2　物联网灌溉系统的九屏幕法

由九屏幕法可知，水中杂质可能对灌溉系统中喷头有影响，故可得到相关方案，可以考虑增加过滤水池，减少水中杂质，使喷头寿命更长，或更换喷头材质。

3.2 IFR 法

设计的最终目的是什么？

答：改进现有灌溉问题，实现更智能化的灌溉系统。

IFR 是什么？

答：无差错的自动灌溉。

达到 IFR 的障碍是什么？

答：传感器可能因老化、缺电导致不工作，喷头易老化损坏等。

如何使障碍消失？什么资源可以利用？

答：采用某仪器替代传感器收集土壤信息；采用更科学的太阳能储电设备。

在其他领域有类似的解决方法吗？

答：有，在智慧农业领域已有较多学者采用高光谱建模分析预测土壤信息，并取得了不错的成绩。

智能灌溉系统由数据采集系统、喷灌系统、控制系统和通信系统构成。由 IFR 法可知，设计的最终目的是让智能灌溉系统高效无误运行。其理想解是能在任意环境高效且不出现问题。达到 IFR 的障碍是太阳能供电的传感器在连续阴天会没电不工作、传感器本身有缺陷等。可以考虑的方案是采用传统供电作为预备能源，或采用更优性能的蓄电池。此外，可以考虑改变收集土壤信息的方式。

3.3 功能分析

智能灌溉系统组件功能模型如图 3 所示。

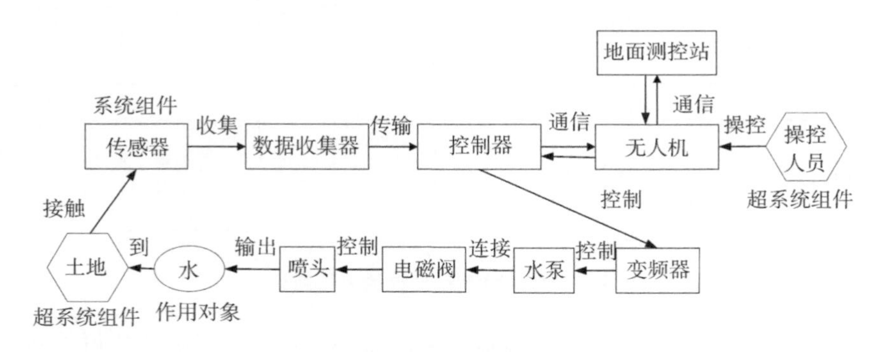

图 3 智能灌溉系统组件功能建模

综上所述，从其功能上看，传感器有不足之处，它需要持续提供的电量，而使用的太阳能电池，依靠太阳能板供电，虽然无须外围供电，但依赖天气，且本身具有易老化局限性。假设传感器被优化，那数据收集装置作用明显削弱，所以改进数据收集系统是改进智能灌溉系统的一个目标方向。喷头容易腐蚀损坏也是一个问题，可以考虑引入过滤装置或更换喷头材料。

3.4 系统裁剪

裁剪前的系统如图3所示，裁剪后如图4所示，在系统裁剪分析下，传感器的作用是获取土壤水含量、pH值、微量元素含量，如果依靠无人机搭载高光谱相机也可实现这一点，所以传感器组件可以裁剪而不出现在新系统中；又因为数据收集器的作用主要在收集传感器数据上，若无传感器，则此组件价值大幅度降低，故也可考虑裁剪掉，此为一个方案。

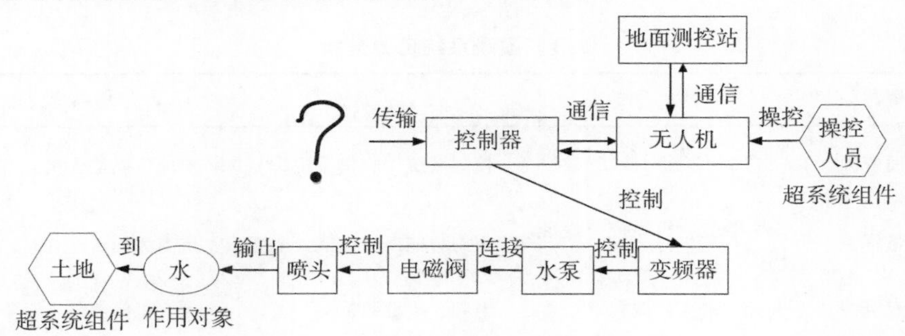

图4 智能灌溉系统裁剪模型

3.5 因果分析

灌溉系统不工作的原因分析如图5所示。

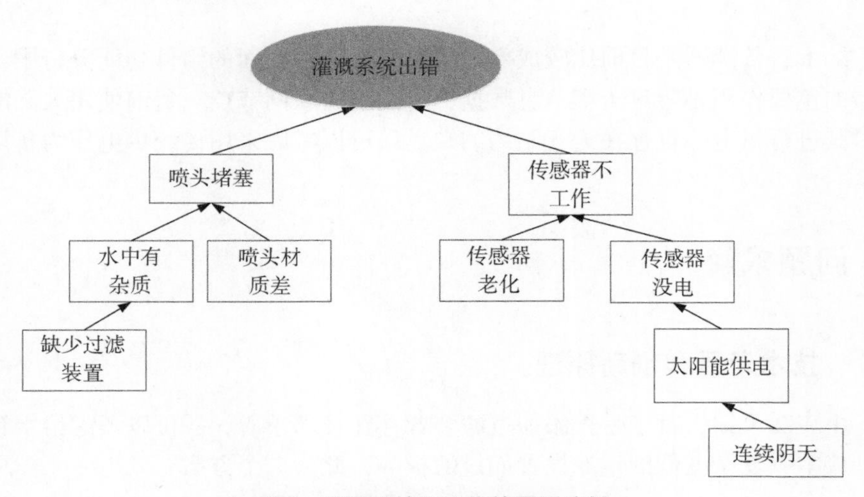

图5 灌溉系统不工作的原因分析

分析灌溉系统不工作的原因，因为采集系统出现异常，原因是传感器老化或电量不足，电量不足是由于大多采用太阳能储电，故可以考虑从此方面做出改进方案。而喷灌系统运行不足多见于喷头堵塞，这是由于材质不足或水中化学物质较多，故可考虑建立净水系统的方案。

3.6 资源分析

灌溉系统资源分析结果如表 1 所示。

表 1 灌溉系统资源分析

资源	技术系统	子系统	超系统
物质资源	喷头、水泵、无人机、测控站	控制系统、收集系统	土地、操控人员
能量资源	重力势能、机械能、电能、风能	重力势能、机械能、电能、	重力势能
信息资源	电频、水压、像素	电频、土壤数据	无人机参数
时间资源	灌溉前后的时间	控制电频前后时间、收集数据前后的时间	操控无人机前后的时间
空间资源	无人机占用空中空间、喷头等占用地面空间	占用空间	操控人员占用部分地面空间
功能资源	通信、输送	控制、收集	控制

综上，传感器是目前比较成熟廉价的资源。在前面的组件功能分析中，传感器的主要作用是收集土壤信息数据，传送给物联网节点。目前使用太阳能电池对其进行供电，也存在天气制约的缺点，可以考虑采用传统供电作为备用的方案。

4 问题求解

4.1 技术矛盾和创新原理

由表 2 可知，对于是否添加过滤装置存在技术矛盾，故可以考虑给水管加上低成本、复杂度低的过滤设置如过滤板等，此为一个方案。

表 2　技术矛盾

条件	技术矛盾-1	技术矛盾-2
如果	增加过滤装置	不增加过滤装置
那么	喷头寿命延长	不改变系统复杂性
但是	增加系统复杂性	喷头寿命较短

4.2　物理矛盾和分离方法

给多区域供水需要增加电频，增大水泵出水量，因为水量太少无法保证各区域用水足够；但给多区域供水需要减少水泵出水量，因为水量太多可能影响各区域正常灌溉。尝试采用“空间分离”的方法，记录各区域的蓄水量，将仅有开关功能电磁阀升级为多挡位控水电磁阀，此为一个方案。

4.3　物场分析和标准解

分析判断问题的类型，传感器属于需要改进的一方面，针对传感器存在部分问题，解决方案是引入第三种物质和引入场 F2。

下面根据实际作用情况给它们建立相对应的物场模型，其中 F1 为电场，F2 为光场，S1 为传感器，S2 为土壤，S3 为高光谱相机。传感器对土壤的作用不重复，故用虚线表示（图 6）。

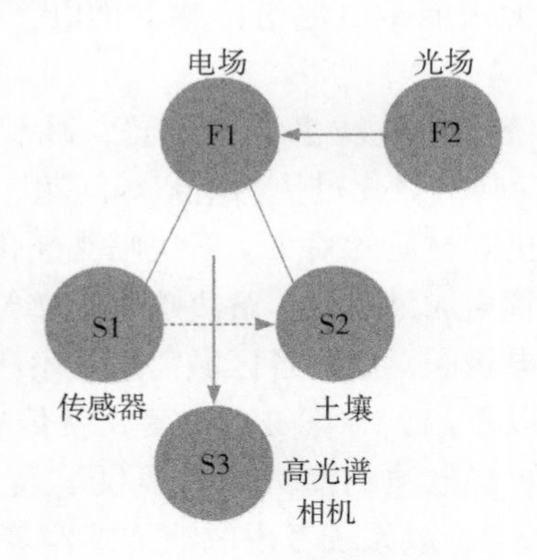

图 6　物场分析

由于传感器存在部分问题，需要采取其他手段不用电获取土壤信息，快捷且高效。根据物场分析，尝试基于标准解，引入改进后的装置，由高光谱相机快速获取土壤信息。

5　方案评估

方案评估结果如表 3 所示。

表 3　方案评估结果　　单位：分

备选方案	消除矛盾	成本	可行性	安全性	复杂性	总分
方案 1	4	3	4	5	4	20
方案 2	3	4	4	4	4	19
方案 3	2	3	4	5	5	19
方案 4	2	4	5	4	5	20
方案 5	3	5	5	5	5	23
方案 6	3	5	5	5	5	23
方案 7	4	3	3	5	4	19

（1）方案 1 是通过搭载高光谱相机的无人机取代传感器来获取田间数据，解决传感器可能的损坏问题。

（2）方案 2 是通过有线供电方式给传感器供电，解决连续阴天传感器不工作问题。

（3）方案 3 是更换太阳能蓄电池给传感器供电，解决连续阴天传感器不工作问题。

（4）方案 4 是给系统添加过滤水池等设置，减少运输的水中含有杂质、化学物质等问题，以避免喷头老化过快、堵塞等问题。

（5）方案 5 是更换更好材质的喷头，解决喷头老化过快、堵塞等问题。

（6）方案 6 是给水管增加过滤板，解决喷头堵塞等问题。

（7）方案 7 是改进电磁阀，解决各区域需水量不一致问题。

由以上方案评估可以看出，方案 2、方案 3 就传感器供电问题进行了对比，方案 3 更好，太阳能蓄电池的潜力比有线供电大。而方案 1 虽然成本最高，但综合评分胜过方案 2，故系统考虑取消传感器等设备，用搭载高光谱相机的无人机获取数据。方案 4 对水质进行提纯，方案 5 优化了喷头，方案 6 增加过滤板，成本较低，可以考虑组合使用。方案 7 使各区域灌水更多样化，成本不高，可以加入系统中。故最后方案组合为方案 1、方案 4、方案 5、方案 6、方案 7 的组合（图 7）。

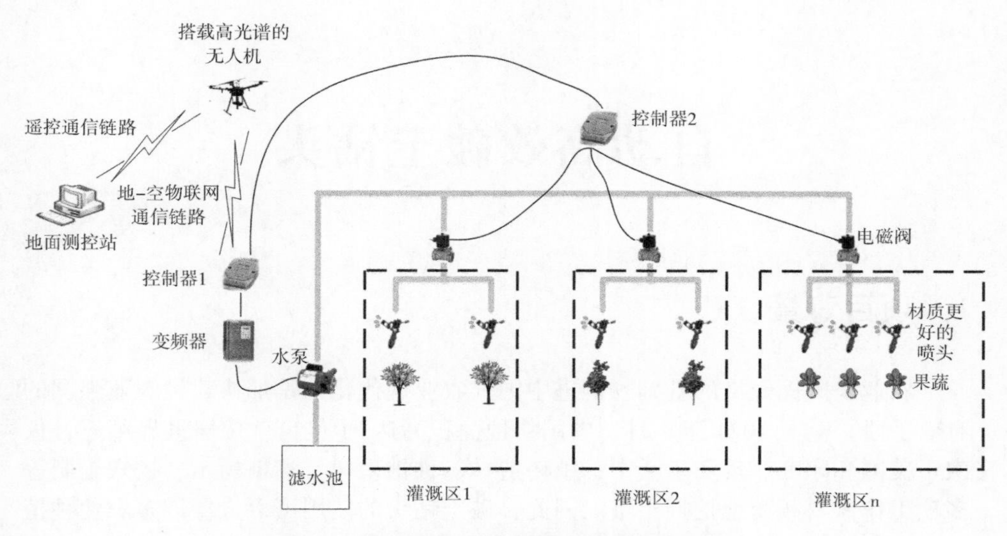

图 7　改进后的基于无人机的智能灌溉系统

6　效益评估

智能灌溉系统将物联网、云计算、数据分析和预测能力运用到农田灌溉中，可以精准实时地监测作物，自动化地提供正确的灌溉的决策，从而合理灌溉施肥，节约水资源。在效率和经济上，安装智能灌溉控制系统平均节约灌溉用水 20%。此外，本项目的预期研究成果可解决地面传感器性能差、供电问题，可极大促进地方乃至全国智能灌溉水平的提高，具有显著的社会效益。

（执笔：丁子予　指导：吕建秋）

自动高效破土钻头

1 项目背景

农业是国民经济的基础，推进中国式农业现代化则是加快建设农业强国的有效手段。截至2021年4月，中国耕地面积高达21亿亩，位居世界第三，仅次于美国和印度。现实生活中，植树造林、种植果树、移植树木、挖穴施肥等多项工作需要频繁地挖掘土壤。因此，破土钻头的使用可以方便许多农业种植工作的开展。目前，种植工作进展受影响的因素有许多，如树种单一且选择不合理、人员技术水平良莠不齐、缺乏病虫害防治意识和栽种后期缺乏监督管理等，这些问题都影响农业的发展。为了提高工作效率，研究高效破土钻头将有利于各项农业种植工作。

实际种植中，人们会遇到不同的土壤质地，如黏土、壤土、沙土和泥炭土。如果在土壤坚固程度高的环境或碎石多的土壤环境里，普通的打洞工具或钻头由于振动的幅度大而无法正常工作。所以应该根据不同的土壤质地，选择合适的钻头，明确钻头工作过程的动态特性，以达到理想的效果。

无论是科学技术发达的今天，还是科学技术落后的封建社会，人们一直都没有停止施肥、灌溉、合理密度栽培、嫁接、品种栽培、杀虫、松土等行为，这都是为了提高农产品的质量和产量。翻耕土壤是现代农业、地质等领域中一项重要的基础工作，在这过程中需要破土钻头，破土钻头具有可靠性、操作方便及机动性等优势，能够加快工作的进展，也能避免一些不必要的人力资源投入。现有的便携式打穴机输出动力相对较弱，需要搭配小型高效的破土钻头才能顺利进行破土。普通的破土钻头只有一个破土层，破土效果不好，在土壤坚硬的环境中很难压碎土壤。

常见的钻头种类有PDC（聚晶金刚石复合片）钻头、复合钻头、螺旋钻头等。螺旋挖掘作为农林、机械等领域的成熟技术，具有广泛运用的基础，其基本原理是利用电力、液压等驱动动力为钻头提供扭矩，切削岩土。螺旋钻孔操作过程中，切削土壤与输送土壤同步进行，在离心力的作用下，土体被带离转轴，滑向叶片边缘，逐渐完成破土。钻孔进给率 v（m/s）和转速 n（r/min）的比率 m（进给旋转率比率）不仅影响钻孔设备的施工过程，而且影响刀具齿实际切削角度和切削厚度的关键变量。土壤含水量、土壤紧实度、土壤组成等也会对钻头工作时的阻力矩和功率产生影响。

TRIZ 理论将创新思想进行科学化的整理与提炼，是系统创新设计的有效开发工具，利用 TRIZ 理论可大幅缩短新系统设计的时间。本项目目的在于克服目前技术存在的成本高、容易磨损、无法修复的缺点，利用 TRIZ 理论，阐述开发一种高效破土钻头。其螺旋钻头有多个破土端口，具有良好的切土性能、足够的冲击韧性，松土效果好，可以减少耕作阻力，降低使用者手上的反向力矩，减弱其疲劳强度，提高安全性和稳定性，符合农艺要求。

2 问题描述

2.1 问题初始情境和系统工作原理

当钻头接触到土壤开始作业时，固定在电动力机构的主轴获得了一定的转速和转向，然后将破土钻头垂直于地面，向下运动，使外侧破土端和中央破土端尽量同时接触到地面，根据土壤紧实度和破土速度，适当调整垂直运动速度，转动力矩驱动主轴旋转作业时，破土端有效地划破土壤，碎土在螺旋导叶和摩擦力的作用下提升出穴洞，在离心力的作用下飞散在穴洞口外，完成打穴作业，实现高效破土（图 1 和图 2）。

图 1　螺旋导叶主视图

图 2　完成破土后土壤成效图

2.2　系统当前存在的主要问题

（1）土壤紧实度过高。

（2）土层深厚。

（3）工具难操作，容易堵转。

（4）制作材料存在缺点。

2.3　当前主要问题出现的情况

第一，土壤紧实度过高，因人为过度施肥，使土壤缺乏有机物。第二，地形偏差大，在坡度较大的地方，一般容易在流水侵蚀作用下导致土层变薄；坡度较小，且地势较低的地方，由于不断地沉积造成土层深厚。第三，工具难操作，容易堵转，使用时用力角度难以把控，左右晃动。第四，制作材料存在缺点，抗弯强度低，冲击韧性差，脆性大，承受冲击和抗震能力低。

2.4　初步思路或类似问题的解决方案及存在的缺陷

从使用者到系统的设计和从系统到使用者的感受，本系统都是为了满足使用者的松土需求。关键问题在于土壤和能满足人们大部分需求的破土钻头是否匹配。土壤作为客观事物，从哲学上看，客观事物不以人的主观意志而转移。每个地方的土壤性质不一样，东北平原黑土壤富含有机质，土质呈黑色，而广大的西北和黄土高原缺少植被保护，土质贫瘠，呈黄色或棕黄色，南方的土壤大多呈酸性红色。

2.5 拟解决的关键问题

在进行设计的过程中，不对事物的本质进行变动，对事物进行痛点分析，并对如振动模式单一等痛点进行有针对性的改进，让破土钻头整个系统更加符合人的操作习惯，提高作业效率。

2.6 对新的技术系统的要求

传统钻头振动时装置难以满足实际需求，振动模式相对单一，处理效果较弱，不能同时实现多方向控制振动。本系统钻头有着主轴、螺旋导叶和破土端等支撑，并直接接触土壤，再加上多自由度易控制的振动模式，能够实现更加优化的效果。

2.7 技术系统的 IFR

设计的目的是什么？

答：钻头有高效的破土效果。

理想解是什么？

答：钻头有多自由度易控制的振动模式。

达到理想解的阻碍是什么？

答：土壤受客观因素影响紧实度不一。

如何使障碍消失？什么资源可以利用？

答：钻头等部件使用后不会磨损。

其他领域有类似的解决办法吗？

答：培育出能够按所需自我破土的土壤，不再需要破土钻头。

3 问题分析

3.1 九屏幕法

自动高效破土钻头的九屏幕法如图 3 所示。

3.2 IFR 法

设计的目的是什么？

答：土壤坚实度达到无须人力去破土。

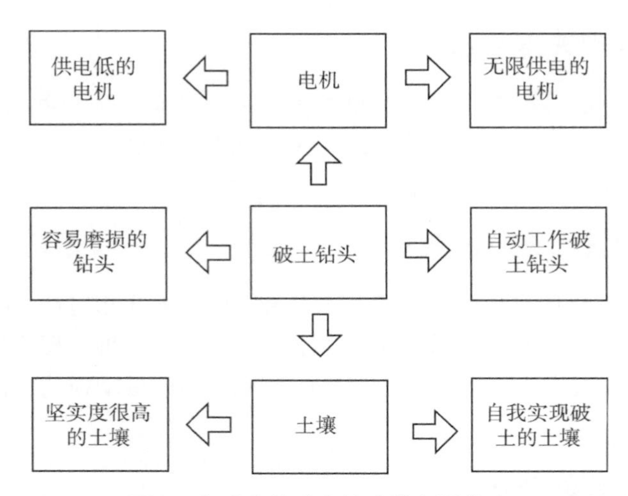

图 3　自动高效破土钻头的九屏幕法

理想解是什么？

答：土壤无须松土、没有结块，能够实现自我随时破土。

达到理想解的阻碍是什么？

答：土壤受环境、有机物含量、地形等影响而紧实度过高。

如何使障碍消失？什么资源可以利用？

答：土壤有机物自给自足。

其他领域有类似的解决办法吗？

答：培育出能够按所需自我破土的土壤，不再需要破土钻头。

3.3　系统功能分析

3.3.1　组件列表

自动高效破土钻头系统的组件列表如表 1 所示。

表 1　自动高效破土钻头系统的组件

技术系统	系统组件	超系统组件
自动高效破土钻头	外侧破土端、中央破土端、螺旋导叶、主轴、刀尖、切削刃、尖锐锥体、圆柱体	空气、土壤、电能、手

3.3.2 相互作用分析

自动高效破土钻头的相互作用分析如表 2 所示。

表 2 自动高效破土钻头的相互作用分析

组件	外侧破土端	中央破土端	螺旋导叶	主轴	刀尖	切削刃	尖锐锥体	圆柱体
外侧破土端		–	+	–	+	+	+	+
中央破土端	–		+	+	+	+	+	+
螺旋导叶	+	+		+	–	–	+	+
主轴	–	+	+		+	+	+	+
刀尖	+	+	–	+		+	+	–
切削刃	+	+	–	+	+		+	–
尖锐锥体	+	+	+	+	+	+		+
圆柱体	+	+	+	+	–	–	+	

3.3.3 功能建模

自动高效破土钻头的功能建模如图 4 所示。

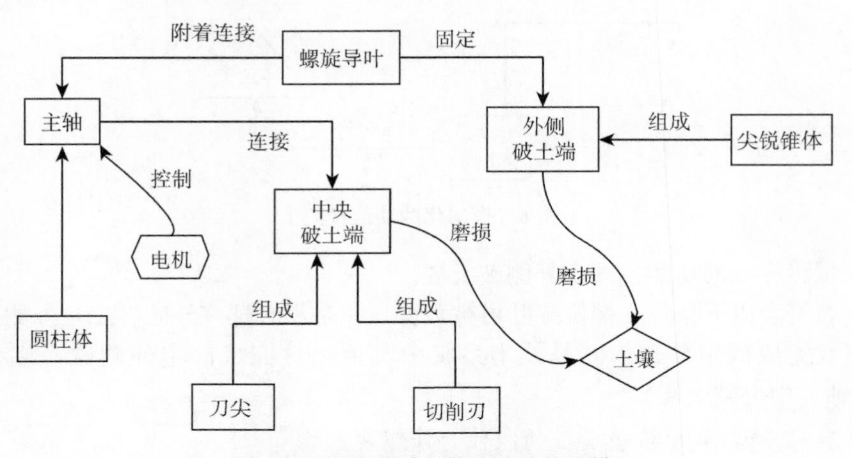

图 4 自动高效破土钻头的功能建模

3.4 系统裁剪

图 5 为系统裁剪前功能模型，图中除土壤为系统作用对象，其余均为系统

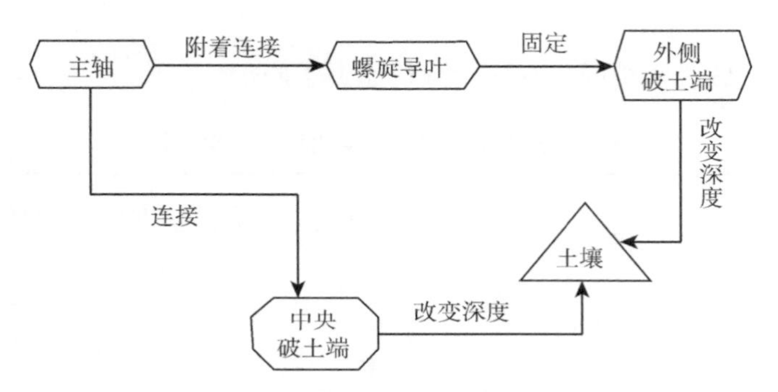

图 5　系统剪裁前功能模型

组件。

3.4.1　若选择裁剪价值最低的组件为螺旋导叶

建立理想化的功能模型如图 6 所示。

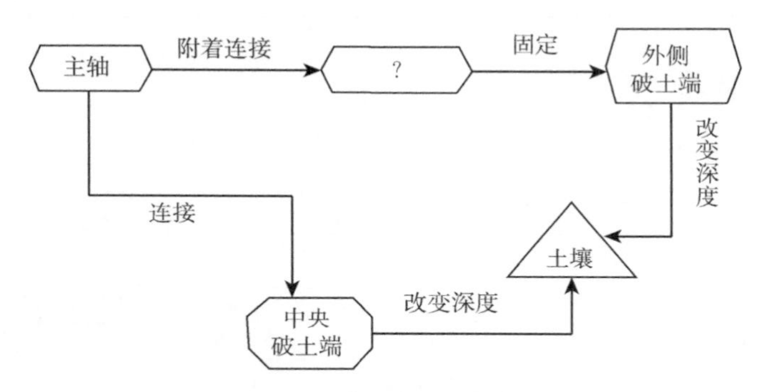

图 6　理想化的功能模型 1

螺旋导叶的功能：固定外侧破土端。

若符合以下条件，螺旋导叶可被裁剪。一是没有螺旋导叶。二是外侧破土端自我完成固定作用。三是技术系统中其他组件完成固定外侧破土端作用（主轴、中央破土端）。

3.4.2　若选择裁剪价值最低的组件为外侧破土端

建立理想化的功能模型如图 7 所示。

外侧破土端的功能：改变土壤洞穴的外侧深度。

若符合以下条件，外侧破土端可被裁剪。

一是没有外侧破土端。二是土壤可以自我完成外侧破土作用。三是技术系

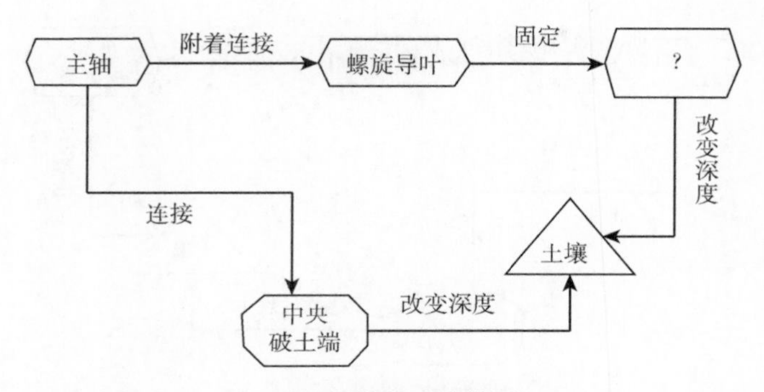

图 7　理想化的功能模型 2

统中其他组件完成改变土壤洞穴的外侧深度作用（主轴、螺旋导叶、中央破土端）。

3.4.3　若选择裁剪价值最低的组件为主轴

建立理想化的功能模型如图 8 所示。

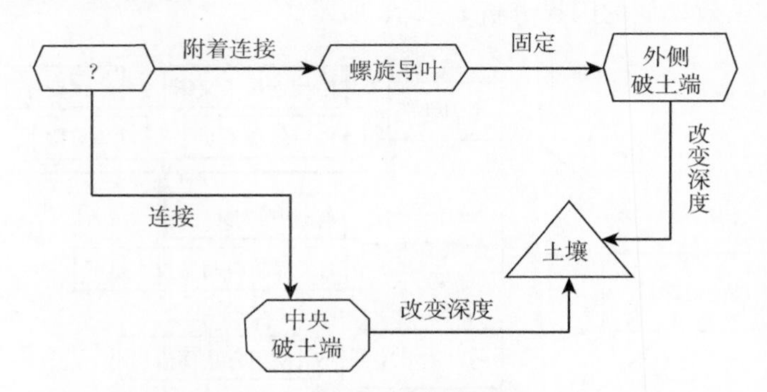

图 8　理想化的功能模型 3

主轴的功能：连接螺旋导叶和中央破土端。

若符合以下条件，主轴可被裁剪。

一是没有主轴。二是螺旋导叶和中央破土端自我实现连接固定作用。三是技术系统中其他组件完成连接螺旋导叶和中央破土端的作用（外侧破土端）。

3.4.4　若选择裁剪价值最低的组件为中央破土端

建立理想化的功能模型如图 9 所示。

中央破土端的功能：改变土壤洞穴的中心深度。

若符合以下条件，中央破土端可被裁剪。一是没有中央破土端。二是土壤

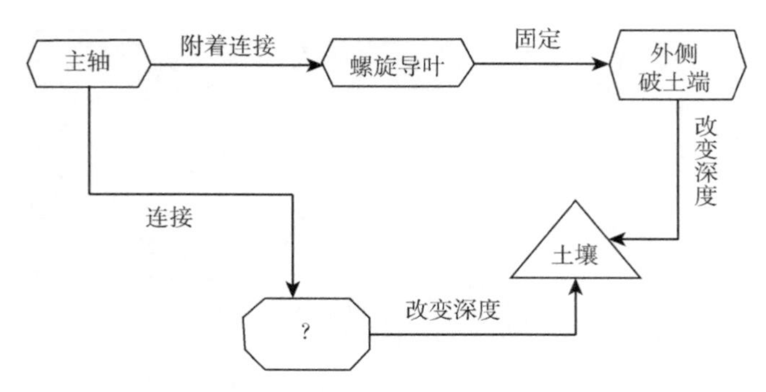

图 9　理想化的功能模型 4

可以自我完成中心破土作用。三是技术系统中其他组件完成改变土壤洞穴的中心深度作用（主轴、螺旋导叶、外侧破土端）。

3.5　因果分析

钻头破土效率低的因果分析如图 10 所示。

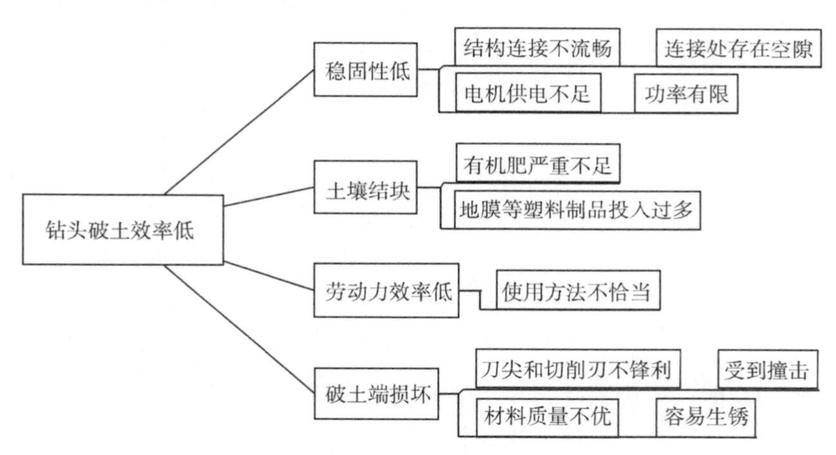

图 10　钻头破土效率低的因果分析

3.6　资源分析

表 3　资源分析

资源	技术系统	子系统	超系统
物质资源	钻头	破土端等	土壤

（续表）

资源	技术系统	子系统	超系统
能量资源	—	—	机械能、电能
信息资源	钻头	—	土壤
时间资源	破土时钻头反应的时间	—	—
空间资源	—	—	钻头与地面的空间
功能资源	钻头	破土端	—

4 问题求解

4.1 技术矛盾和创新原理

（1）技术矛盾1。如果改善破土钻头的形状，那么会恶化钻头的重量。对应的创新原理是复合材料原理。但是传统用的是单一的金属铁为原材料制作钻头，现可运用铝合金为材料，具有重量轻、可塑性好、易于加工、机械性能好、抗腐蚀性能较强等优点，得出方案1：利用复合材料代替均质材料。

（2）技术矛盾2。如果缓解钻头的应力或压力，那么会加大能量的损失。对应的创新原理是自服务原理和相变原理。但是为了减少能量损耗，得出方案2：利用破土过程中产生的电能供给来弥补能量。

（3）技术矛盾3。如果改善钻头结构的稳定性，那么会恶化可制造性。但是为了使能量损失降到最低，对应的创新原理是周期性作用原理，得出方案3：土壤与破土钻头相接触时，材料的功能发生转变。

（4）技术矛盾4。如果改善自动化程度，那么会恶化可维修性。但是为了让破土端轮流运转，对应的创新原理是分割原理，得出方案4：用周期性动作代替连续动作，让中央破土端和外侧破土端轮流工作。

4.2 物理矛盾和分离方法

为了使破土钻头工作过程中顺利挖掘土壤，完成打穴作业，以下通过物理矛盾分析，形成若干设计方案。

尝试采用“空间分离”，得出方案5：设置阻止隔离防护罩，从空间上将矛盾进行分离，当破土钻头在对地面进行破土时，阻隔罩可将土区域防护起来。

尝试采用“时间分离”得出方案6：在破土过程中，采用先由外侧破土端工作，再由中央破土端工作，使组件的作用发挥最大化。

尝试采用“条件分离”，得出方案7：在主轴周围补充螺旋导叶，当钻头旋转时，导叶跟随主轴一起向下挖掘土壤；不旋转时则静止。

尝试采用“整体与部分分离”，得出方案8：将传统的单一破土端更改为4个及以上有一定数量的破土端，提高工作效率。

4.3 物场分析和标准解

标准解，双物场模型：现有系统的有用作用F1不足，需要进行改进，但是又不允许引入新的元件或物质。这时，可以加入第二个场F2，来增强F1的作用。

自动高效破土钻头不仅需要满足较大的破土面积、较高的耐磨性和不堵转等基本需求，还要保证更有效地划破土壤。传统的破土装置物场模型如图11所示。但传统的破土钻头力场F1效应不足，产生的动力较小，而且严重浪费人力，难以保证有效地破土，是机械场较弱的体现。

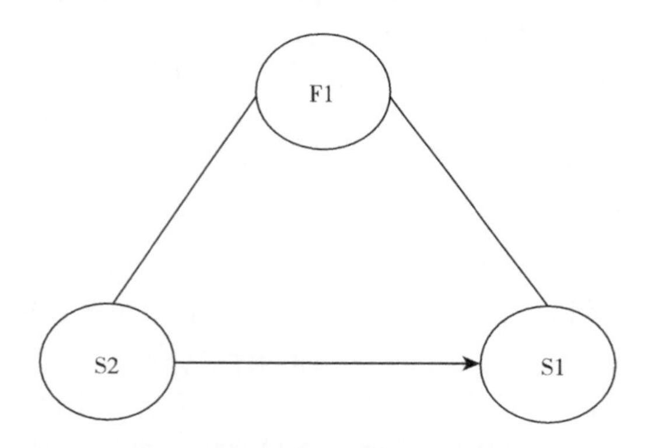

图11　传统的破土装置物场模型

通过对传统模型的改进，得到方案9，改良后的模型如图12所示。通过对装置的改进，增加汽油机动力或电动机驱动机构，减少破土过程中人力的损失。同时，增加破土端的个数，使其数量达到2个以上，提高破土效果。破土端的形状由原先的切割形改进成圆柱形，作业时遇到土壤中的碎石更容易松动，并且更加稳固。

利用协调性法则和动态性法则，路线如下：连续转动—增加振动频率—加深挖掘土壤深度—提高破土效率（图13）。

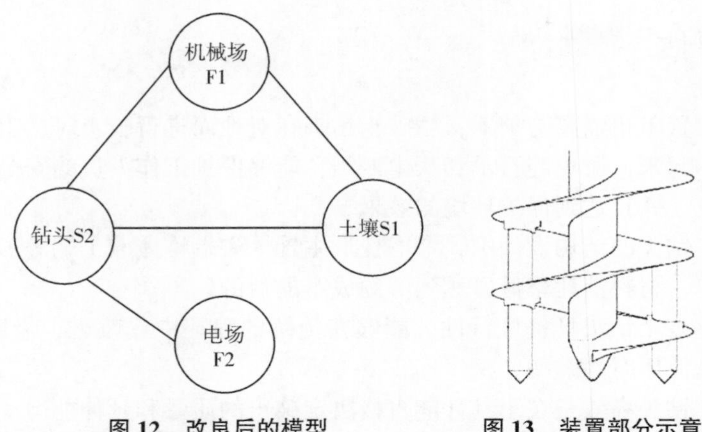

图 12　改良后的模型　　图 13　装置部分示意

5　方案评估

方案评估结果如表 4 所示。

表 4　方案评估结果　　评分：分

备选方案	消除矛盾	成本	可行性	安全性	复杂性	总分
方案 1	8	8	8	8	8	40
方案 2	8	9	8	8	9	42
方案 3	7	7	7	7	7	35
方案 4	6	7	7	6	6	32
方案 5	9	9	10	9	9	46
方案 6	8	7	8	8	7	38
方案 7	8	8	8	8	8	40
方案 8	8	9	9	8	9	43
方案 9	9	9	9	9	9	45

综合考虑，结合方案 1、方案 2、方案 5、方案 7、方案 8、方案 9，确定最终方案。

6 效益评估

首先，设置阻止隔离防护罩，当破土钻头在对地面进行破土时，阻隔罩可将土区域防护起来，避免碎石子和灰尘四溅，能够保护工作人员的安全，避免影响工作进度，并且达到保护环境的效果。

其次，在钻头的结构设计中，考虑柱形主轴、尖端锥体破土端等形状的优势，结构简单，材料消耗率低，达到节约成本的目的。

再者，此破土钻头具备可行性，能够在传统的弊端中作改进，借助力场、电场等，提高使用时的效率。

最后，此钻头高效是在于其性能直接决定破土的质量和延伸能力，不仅能够对土壤表层的石块进行破开排除，又能够高效地运转，减少堵转意外的发生，旋转导叶或破土端等结构不易松动，提升稳固性。

自动高效破土钻头是由主轴、螺旋导叶和 4 个破土端所构成，设计中有 2 个外侧破土端和 2 个中央破土端。这 4 个破土端在作业范围内均匀地分配，彼此相互关联，增大破土面积。当工具在使用时，由于圆柱形外侧破土端的锥体顶部受力面积较小，可以高效地划破硬土层。如若接触到石块等坚硬物质，它可以比传统破土端更容易松动小碎石且不堵转，让其作用效果更加显著。

通过对现有农业上的破土装置进行问题描述和分析，将实际工程问题转化为 TRIZ 问题，基于 TRIZ 理论对系统进行了功能分析、因果分析和资源分析，然后利用系统裁剪、物场模型建立、进化法则等提出解决存在问题的优化方案，将 TRIZ 理论创新方法应用在自动高效破土钻头的创新设计上，为破土钻头的进一步优化工作提供了指导。本设计综合考虑，结合实际应用性、安全性等方面，对各个方案进行评分，进而筛选出几个方案相结合的最终方案。

此外，为了获得更好的效益，还应该加强对使用者的培训和加大百姓的环保知识普及力度，不乱丢垃圾，拒绝白色污染。只有各方面一起合作，才能将这件事情做好，才能够让小小的破土钻头散发大大的力量，发挥出更大的作用，这也将促进农业经济等领域的发展。

（执笔：丁炜妮　指导：吕建秋）

一种三角履带式液压直驱仿形底盘及其仿形方法

1 项目背景

我国丘陵山地占地面积大，并且是我国粮食作物生产的重要地形地貌。但丘陵山地的农业机械化水平处于较低水平，是我国实现全面机械化的一大问题。丘陵山地具有自然环境的先天劣势，具有可用土地面积小、土地形状不一、地块与地块间的高度差大、田地间道路狭隘、坡度弯度大、气候条件恶劣等问题。因此，错综复杂的地貌地形对农业行走机械的底盘有非常高的要求。除此之外，我国南方还有许多水田，基本为小型不规整水田，加上水田具有的黏稠特性，在水田的农业机械的行走底盘也需要有比较高的技术要求。

目前为止，我国农耕种植收割的机械化水平已达50%，但是在三大粮食作物里，只有小麦生产基本实现了机械化，对于玉米收获和水稻插秧等困难环节大多数地区仍在使用人力。像油菜、马铃薯等农作物，由于机械化水平不高，经济效益低，农民的种植积极性不高。农机化程度高的地区主要是平原地区，如东北地区。我国大部分为山地丘陵地区，尤其以南方为主，由于无合适机械，目前机械化水平很低，像云南的梯田只能依靠人力，大大地制约了农业的发展。罗锡文院士在中国农业工程学会2013年学术年会上指出，目前国外先进水平的农机配套的比例高达1∶6，而我国只有1∶1.6，这意味着1台农业机械主机在国外可以配套6台机具，而在我国只能配备1.6台机具，这是非常不合理的，严重影响着我国农业机械化水平的提高。

随着工业化和城镇化的加速发展，社会老龄化加剧、人工劳动成本不断增加，发展以现代化、工厂化农业为主体的生产模式成为当务之急。在新形势与背景下，《中国制造2025》中把智能农机装备列为重点发展的十大领域之一；

在“十四五”国家重点研发计划项目中，工厂化农业关键技术与智能农机装备被列为重点研发计划。底盘总成是移动式农业动力机械的重要组成部分，其性能直接影响整机的作业质量和效率。底盘支撑、安装驱动系统及各部件的总成，并接受驱动系统的动力，使农业装备在各种复杂环境下运动，不仅要在耕、播、管、收等生产环节正常行驶，而且通用底盘上还要安装其他功能性机构，从而实现苗木移栽、林果采收、产品分级、根茎切割等功能。因此，农业机械底盘技术发展水平是体现农业现代化和智能化程度的重要标志，世界农业装备强国均将底盘作为智能农机装备研究发展的核心。因此，我国极度重视对农业行走机械底盘的设计及相关性能的研究。

2 问题描述

底盘是集传动、行走、液压、转向、制动、机电液集成控制等技术于一体的动力机械移动平台，可以稳定、高效、可靠地承载、牵引、外挂其他功能性农机具，从而完成农业生产任务。近年来，国内外学者从“高效、智能、环保”等角度出发，在四轮驱动、动力换挡、无级变速、轮距可调、空气悬架、悬浮车桥、线控转向、制动防滑、底盘遥控等方面取得了创新性成果，对提升农业装备底盘作业性能具有重要意义。

目前，我国农业行走机械底盘多采用轮式行走机构和全履带式行走机构。轮式行走机构具有运动平稳、能耗小、速度和方向控制容易等优点，因此得到普遍应用，但这些优点只有在平坦的地面上才能发挥出来，爬坡性能不好，不适用于丘陵山地作业，同时接地比压大，不能进入松软、泥泞的田地进行作业，具有局限性。全履带式行走机构接地比压小，水田通过性好，相较于轮式行走机构具有较好的爬坡性能，但越障性能一般，易发生侧翻，通用性较差。此外，目前农业机械行走底盘的行走机构与车架多为刚性连接，不具备地面仿形功能，地形适应性差。

3 问题分析

针对现有农业行走机械底盘对路面适应能力不足的问题，运用 TRIZ 理论分别进行系统功能分析和系统问题分析，寻找解决问题的方案。

3.1 系统功能分析

农业行走机械底盘系统功能分析如图 1 所示。

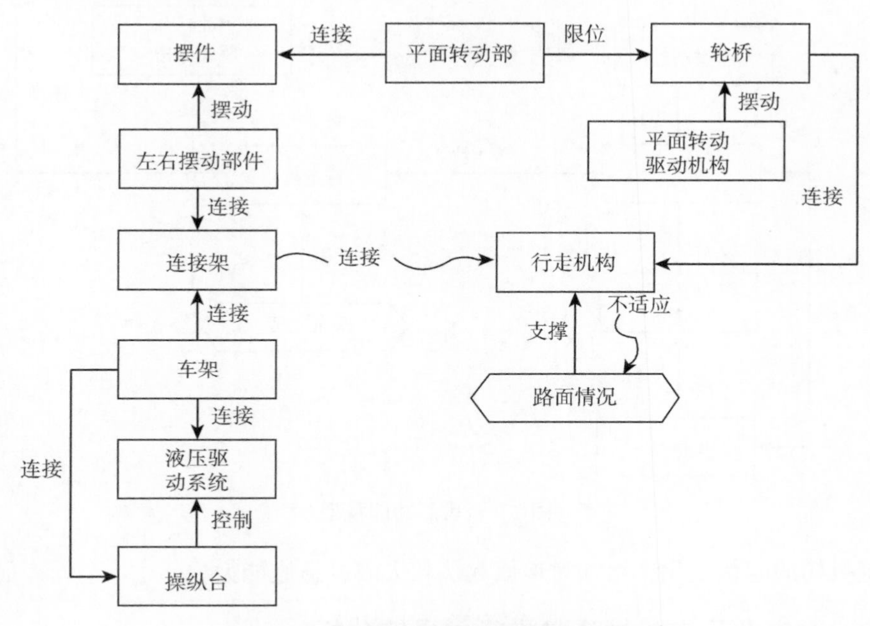

图 1　农业行走机械底盘系统功能分析

3.2 系统裁剪

系统裁剪是解决功能分析、发现系统存在问题的有效方法，也是一种对系统改进创新的方法。通过对系统存在的不足作用、过剩作用和有害作用功能的裁剪，减少或消除系统的缺点，改善功能模型，提高系统的理想度。经过裁剪，将系统中存在问题的功能组件删除后，原来该组件所提供的功能可以通过 TRIZ 理论提供的方法实现。

对系统功能模型进行分析，发现“连接架”对“行走机构”存在有害作用，是因为连接架与行走机构为刚性连接，减弱了行走机构对地面情况的适应能力。因此，试图裁剪掉“连接架”。但“连接架”对“行走机构”的“连接”作用是有用功能，在裁剪“连接架”时，需要被重新设计，得到裁剪后的功能模型如图 2 所示，并得到待解创新问题“如何联结行走机构”，可以得到概念方案 1：行走机构通过轮桥与车架共同连接，车架固定位置，轮桥控制

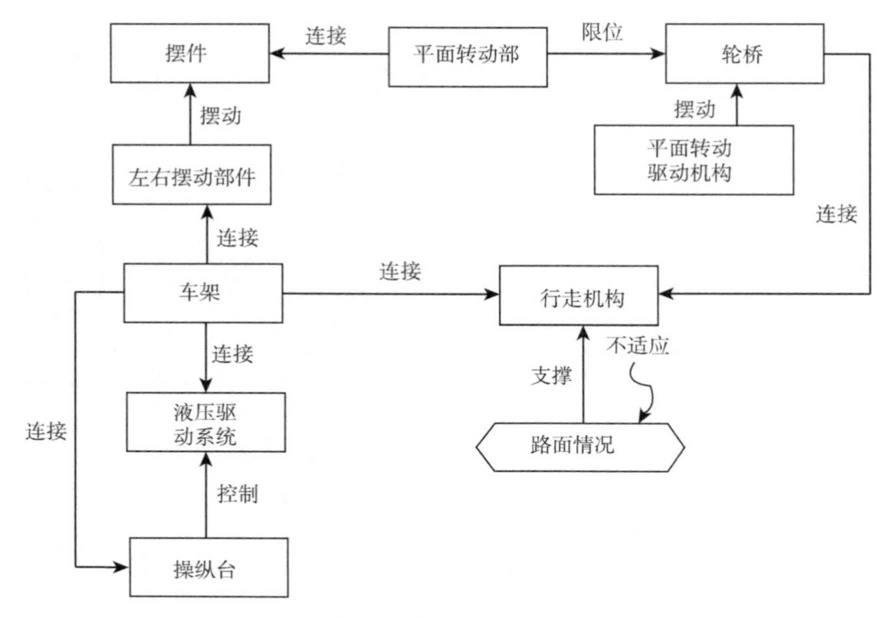

图 2　裁剪后功能模型

行走机构的起伏变化，增加对地面起伏较大时的适应能力。

3.3　对农业行走机械底盘进行因果链分析

因果链分析是全面识别工程系统问题的分析工具，通过分析问题产生的根本原因与结果之间的逻辑链，找出其中的薄弱环节，从而得到解决问题的突破口。现用来研究农业行走机械的路面适应能力不足的问题，该问题的不良事件是“路面适应能力不足”。因果分析如图 3 表示。

根据 TRIZ 理论的因果分析工具，绘制因果链模型进行分析，梳理问题之间的逻辑关系，得到引起轨道垫板冷却问题的主要原因。一是马达与驱动轮之间的机械传动损失大。二是轮胎与地面接触面积小。三是行走轮仿形能力差。运用 TRIZ 工具对三个主要原因进行分析和可操作性方案求解（图 3）。

可由主要原因“马达与驱动轮之间的机械传动的传动损失大”得到方案 2：减少马达与驱动轮之间的机械传动，减少动能损失。

3.4　对农业行走机械底盘进行九屏幕法分析

九屏幕法是一种综合考虑问题的方法，从时间空间等多维度对问题进行全

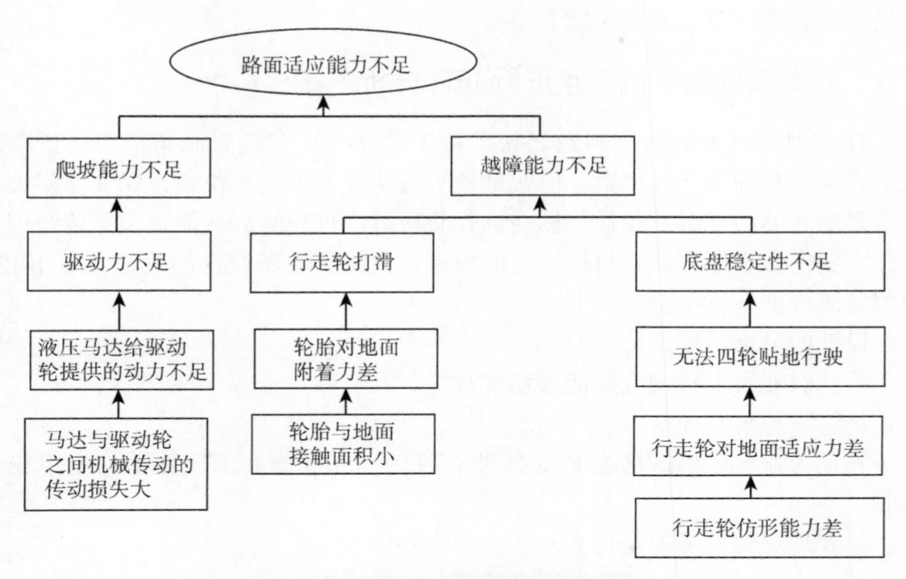

图 3　路面适应能力不足的因果分析

面系统的分析，是一种帮助创新者寻求资源的非常有效的方法。它跨越时间（过去、现在、未来）和空间（超级系统、系统、子系统）寻找创新的机会。建立当前系统为农业行走机械底盘的九屏幕分析法，如图 4 所示。

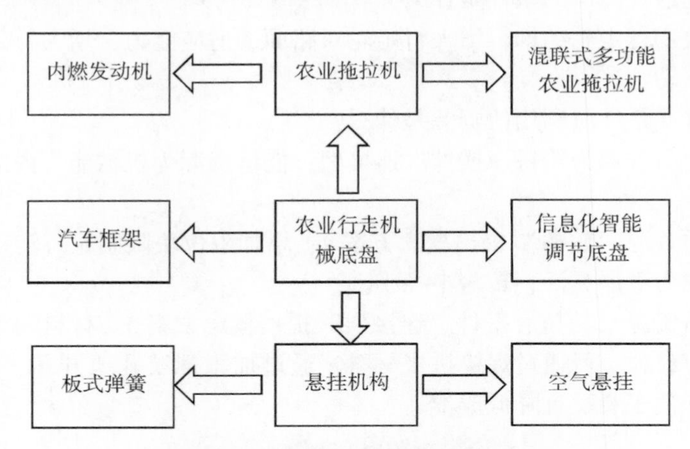

图 4　农业行走机械底盘九屏幕法

通过九屏幕法可知，可以将对农业行走机械底盘的创新更改为对悬挂机构进行创新，可以得到概念方案 3：悬挂机构增加仿形功能，根据地形起伏调节底盘姿态，增加对地面适应能力。

3.5 对农业行走机械底盘进行 IFR 分析

TRIZ 理论主张在解决问题之初，首先抛开各种客观限制条件，通过理想化来定义问题的最终理想解，以明确理想解所在的方向和位置，保证在问题解决过程中能够始终沿着预设目标前进并获得最终理想解，从而避免了传统创新设计方法中思维过程缺乏目标导向的弊端，提升了创新设计的效率。应用 IFR 的解题流程如下所示。

设计的最终目标是什么？

答：农业行走机械底盘能够稳定行走。

最终理想解是什么？

答：农业行走机械底盘承受各种载荷后，底盘能在不同路面情况下稳定行驶。

达到理想解的障碍是什么？

答：农业行走机械底盘动力系统不足，对路面适应能力不足，不能完全适应在水田或丘陵山地的工作环境。

出现这种障碍的原因是什么？

答：农业行走机械底盘的行走轮设计过于单一，对路面的适应能力不足。

不出现这种障碍的条件是什么？

答：改变行走轮结构，增大行走轮对路面的适应能力；增大行走轮动力系统，增大驱动力。

创造这些条件所利用的资源是什么？

答：物质资源为轮桥、摆件、连接架；能量资源为机械能、内能；参数资源为形状。

由物质资源“轮桥”提出概念方案 4：增加限位块限制轮桥转动范围，使得底盘转向力更加灵活，转弯半径小。

由物质资源“轮桥、摆件、连接架”提出概念方案 5：材料均为方管、圆管、板材等材料，可通过焊接拼接材料，通过加工螺纹孔或开孔，应用螺栓、螺母连接，便于装配且降低成本。

4 问题求解

根据总结出的矛盾，可根据矛盾类型运用 TRIZ 理论将问题进行转化，并进行问题求解。

4.1 矛盾优化

矛盾是 TRIZ 的基础概念之一，针对 TRIZ 问题中所产生的矛盾，TRIZ 理论不主张调和或折中，而是主张解决。TRIZ 理论首先采用 39 个通用工程参数对技术矛盾进行问题描述，将矛盾转化为工程参数，并利用这 39 个工程参数构造矛盾矩阵，最终筛选出发明创新原理，再结合专业知识，可找到解决具体技术矛盾的方法，进而达到产品创新设计的目的。在农业行走机械底盘系统中，达到稳定在不同路面行走的具体要求如下。

一是结构简单。

二是驾驶员在驾驶时有舒适性。

三是驱动系统提供的驱动力要足够大。

四是行走机构能够同时适应水田和丘陵环境。

五是底盘越障能力要强。

在此基础上进一步规范问题描述，将以上五个条件归纳为矛盾 TC1、TC2 与 TC3。

TC1：（IF）如果采用独立式悬挂系统，（THEN）那么就能提高驾驶员舒适性，（BUT）但是底盘结构会变得复杂。

TC2：（IF）如果采用更加大马力驱动，（THEN）那么底盘能够得到更大驱动力，越障能力越强，（BUT）但是会降低驾驶员驾驶舒适性。

TC3：（IF）如果采用履带式行走机构，（THEN）那么底盘能更好适应水田和丘陵，（BUT）但是越障能力会大大降低。

接下来，就将上述问题与 TRIZ 的 39 个通用工程参数进行对应。改善的通用工程参数为“适应性及多用性”和“力”，恶化的参数为“装置的复杂性”和“形状”。根据对应的工程参数建立矩阵，如表 1 所示。

表 1　阿奇舒勒矛盾矩阵（部分）

要改善的参数	恶化的参数			
	形状	装置复杂性	力	适用性及多用性
形状	+	16，29，1，28	35，10，37，40	1，15，29
装置复杂性	29，13，28，15	+	26，16	29，15，28，37
力	10，35，40，34	26，35，10，18	+	15，17，18，20
适用性及多用性	15，37，1，8	15，29，37，28	15，17，20	+

根据矛盾矩阵，可以找到组建的矛盾对所对应的创新发明原理为 M35-36= [15，29，37，28]，即 15（动态化）、29（气动与液压结构）、37（热膨胀）、28（机械系统的替代）。M35-12= [15，37，1，8]，即 15（动态化原理）、37（热膨胀）、1（分割）、8（重量补偿）。M10-12= [10，35，40，34]，即 10（预先作用）、35（物理/化学状态变化）、40（相变）、34（抛弃与再生）。M10-36= [26，35，10，18]，26（复制）、35（物理/化学状态变化）、10（预先作用）、18（机械振动）。

针对农业行走机械底盘系统的特殊性，将原理与矛盾进行配对后，最终具有可行性的发明原理为原理 1（分割）、原理 15（动态化）、原理 29（气动与液压结构），具体如表 2 所示。

表 2　技术矛盾发明原理

序号	发明原理	创新方向
29	气动与液压结构	使用液体或气体替代固体零部件，这些零件可使用气体或水膨胀，或气体或液体的火铳功能
15	动态化原理	把不动的物体改为可动的，或具有适应性
1	分割原理	将物体分成容易组装拆卸的部分

4.2　分析求解

根据表 2 中的发明原理及创新方向的确定，采用方案如下。

方案 6：使用全液压四轮边直驱，减少传动损失，提高效率增大驱动力，由于采用液压会比原来驱动装置占用更少体积，且质量更轻，工作更平稳。

方案 7：行走机构采用三角履带式机构，驱动轮装载在履带架上方，增大底盘越障能力，同时通过使用左右摆动部件与行走机构直连代替行走机构与车架直连，这样做能使三角履带在行走过程中随着地面变化左右摆动而仿形贴地，增大对地面的适应性。

方案 8：使用固定部件将马达安装在履带架上方，三角履带的驱动轮安装在马达固定部件上，将马达与三角履带驱动轮组合在一起，采用这种结构后，能够保证马达为驱动轮提供足够大的驱动力且这种结构更易于拆卸更换马达。

5　方案评估

通过运用 TRIZ 创新方法，本文得到 8 种方案，对各方案进行比较分析，选用评价模型如表3所示。

表3 评价模型

符号	参数	参数权重
C	成本	30%
U	空间利用率	25%
T	生产稳定性	20%
I	可维护性	15%
V	实施难度	10%

结合表3所示参数及参数权重，对各方案进行评估，结果如表4所示。

表4 方案评估结果　评分：分

序号	方案	C	U	T	I	V	评价结果
1	方案1	4	8	8	7	4	6.25
2	方案2	6	8	4	4	6	5.8
3	方案3	8	10	10	7	7	8.65
4	方案4	9	10	10	9	9	9.45
5	方案5	10	9	10	10	8	9.55
6	方案6	8	10	10	10	9	9.3
7	方案7	9	10	10	10	10	9.7
8	方案8	10	10	10	10	9	9.9

经比较，最佳方案选用方案4、方案5、方案6、方案7、方案8。

与原有技术相比具有以下优点。

（1）仿形悬挂机构使后轮可以根据地形起伏调节姿态，提升了底盘越障性能，具备更强的地形行驶适应能力。

（2）平面转动驱动机构使后轮灵活转向，另外配合液压差速转向，使得底盘转向灵活，转弯半径小。

（3）采用全液压四轮的轮边直驱技术，既保证了底盘足够的驱动力，又取消了烦琐、笨重的机械传动装置，操作简单，大大增加了底盘的通用性，可以作为收获机、植保机等农业机械的行走底盘。

6 效益评估

我国农机生产和拥有量居世界首位，随着工业化和城镇化的加速发展，社会老龄化加剧、人工劳动成本不断增加，发展以现代化、工厂化农业为主体的生产模式成为当务之急。农业行走机械底盘是移动式农业动力机械的重要组成部分，农业机械底盘技术发展水平是体现农业现代化和智能化程度的重要标志。创新三角履带式液压直驱仿形底盘是实现一机多用的有效方法，能够实现在水田、丘陵等多种环境下工作，能够为我国实现农业现代化建设提供帮助。还能推动农机社会服务体系的建设，能够进一步提高农机技术的推广和信息服务，而在联合机械、土地、技术等生产要素之后，能够创办多种所有制形式的新型农机服务组织，如农机专业合作社，并不断提高服务能力，扩大服务的规模，提高所获得的利益，从而全面地提高农业现代化水平。

（执笔：何涛　指导：吕建秋）

创新方法在高品质橄榄油加工粉碎融合机研制中的应用

1 项目背景

“高品质橄榄油加工粉碎融合机研制”项目，来源于国家国际科技合作专项项目“高品质橄榄油加工工艺技术及装备联合研发”（2011DFA72410）。橄榄油是从果肉中制取的植物油，需要预先将果肉粉碎，而在使用金属粉碎机粉碎橄榄果时，由于其剧烈振动，通常会导致产生乳状的橄榄糊，从而减少油的产量。融合是一项将橄榄果浆缓慢搅拌、不断使油液从小滴合并到大滴的有效加工技术。为了避免或减少乳液的产生，提高橄榄油的得率，需要增加融合时间，并且在某些情况下也要增高融合温度，但这可能会对初榨橄榄油的质量产生负面影响，这是因为橄榄糊中存在天然活性酶，其可以影响游离脂肪酸含量，过氧化物值和油酚含量。因此，融合成为高品质橄榄油加工工艺技术的一个关键控制点，融合效果直接影响后续离心分离出油的得率和品质。

2 问题描述

本项目主要针对粉碎融合机中的关键部件——搅拌装置进行创新研究。根据融合的工艺特点，在一定时间范围内，橄榄油得率与融合时间呈正相关关系，同时要求搅拌的速度不能过快。这就需要融合效率与效果之间达到一个很好的平衡。搅拌速度快，需要的工作时间短，工作效率高，但是融合效果不好；搅拌速度慢，融合效果好，但需要更长的融合时间，工作效率低，能耗成本高。

搅拌器种类较多，常见的有桨式、涡轮式、螺杆式、螺带式等。油脂行业常用的桨式搅拌器，在一定程度上可以实现油和果浆的搅拌融合，但效果不佳，这制约了高品质橄榄油的加工工艺水平。针对此问题，希望借助 TRIZ 理论及创新方法解决课题研究过程中出现的搅拌融合问题。本项目遵循 TRIZ 理论解决工程问题的一般步骤，从组件分析开始，逐步深入，寻求创新原理和类比案例，最终形成可行的设计方案，来解决搅拌融合的问题。

通过创新方法在本项目的实际应用，验证创新方法流程在农产品加工设施优化设计具有一定的可行性，为创新方法在农业科技项目结合性研究及推广应用提供了案例示范。

3　问题分析

从橄榄油加工设备的情况来看，国外的研究较早较为先进，而国内几乎处于空白阶段。但是，国外现有的产品价格昂贵，服务不迅捷，维护成本高。搅拌装置是粉碎融合机的关键机构，因此，设计出高效的搅拌装置是保证粉碎融合机整体性能，提高橄榄油加工品质的关键。

通过以上论述，针对“高品质橄榄油加工粉碎融合机研制”的课题，利用创新方法进行结构优化，解决出现的搅拌融合问题。

3.1　初始情况分析

橄榄油加工过程中，预先将果肉粉碎通常会产生乳状的橄榄糊，造成油产量的减少。为了避免或减少乳液的产生，提高橄榄油的得率，需要对果浆进行适当的融合。融合是一项将橄榄果浆缓慢搅拌、不断使油液从小滴合并到大滴的有效加工技术。融合效果直接影响后续离心分离出油的得率和品质，是高品质橄榄油加工工艺技术的一个关键控制点。融合效率与效果之间需要达到一个很好的平衡。

3.2　系统分析

融合器一般由减速电机、搅拌轴、搅拌翅、箱体及物料进出口、加热器、温度传感器、排料泵及轴承等部件组成。通过分析，与搅拌功能关系最为密切的组件为减速电机、搅拌轴、搅拌翅、箱体及物料进出口、轴承。

搅拌装置的初步方案如图 1 所示，主要由一个搅拌轴和两条螺旋带式的搅拌翅组成，螺距为 0.5~1.5 倍的螺带外径。搅拌轴支撑搅拌翅，并在电机的驱动下，带动搅拌翅转动，进而完成搅拌融合功能。

螺带式搅拌翅常用于搅拌高黏度液体（200~500Pa·s）及拟塑性流体，对于橄榄果浆来说能起到搅拌和推进的作用。但是，根据上述的融合特点，既要

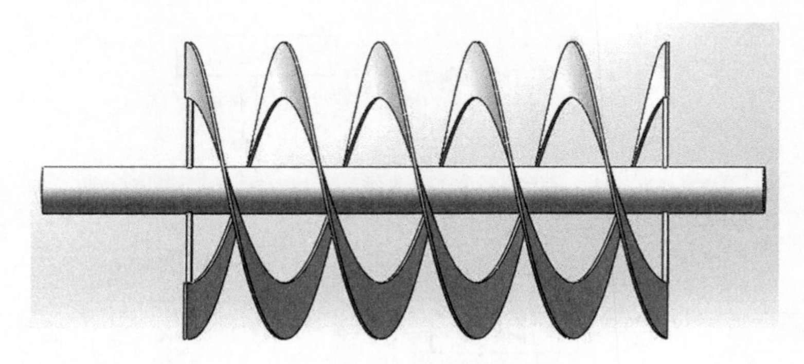

图 1　搅拌装置初步方案结构示意

求搅拌高效，又不能过快。螺带式搅拌翅只能对周边的果浆有较好的搅拌作用，而对于中间部分的果浆则效果不佳，而且如果速度过快，其完整的螺带式结构会把部分果浆推到一端，不利于整个搅拌过程的均衡性。

针对融合搅拌装置整个系统，构建组件模型，进行系统的组件分析，包括系统的作用对象、系统组件和超系统组件。其中，系统作用对象为油橄榄果浆；系统组件为搅拌轴、搅拌翅、箱体及物料进出口、轴承；超系统组件为减速电机。在进行组件分析后，进行系统的功能分析，找出每个组件之间的相互作用关系，确定组件之间的有害关系或者对实现技术要求有干涉的功能关系。搅拌装置的组件分析及功能分析如图 2 所示。

经过组件分析及功能分析后，从图 2 中可以清楚地看出系统（搅拌装置）、超系统（减速电机）、系统作用对象（油橄榄果浆）之间的相互作用关系及存在的问题。

4　问题求解

由前面分析可知，搅拌装置的问题存在于搅拌翅的结构上，搅拌融合效果不好。根据融合工艺的特点，既要求搅拌高效，又不能过快。这就需要搅拌翅在转动的过程中能与果浆充分接触搅动，同时具有一定的推进作用，但不至于把部分物料推到一端，这样就可以在较低的转动速度下高效地完成搅拌融合。

针对以上问题，根据 TRIZ 解决工程问题的一般流程和方法，依次或者单一使用技术矛盾、物理矛盾、HOWTO 模型、物场分析及进化分析等来建立概念方案。

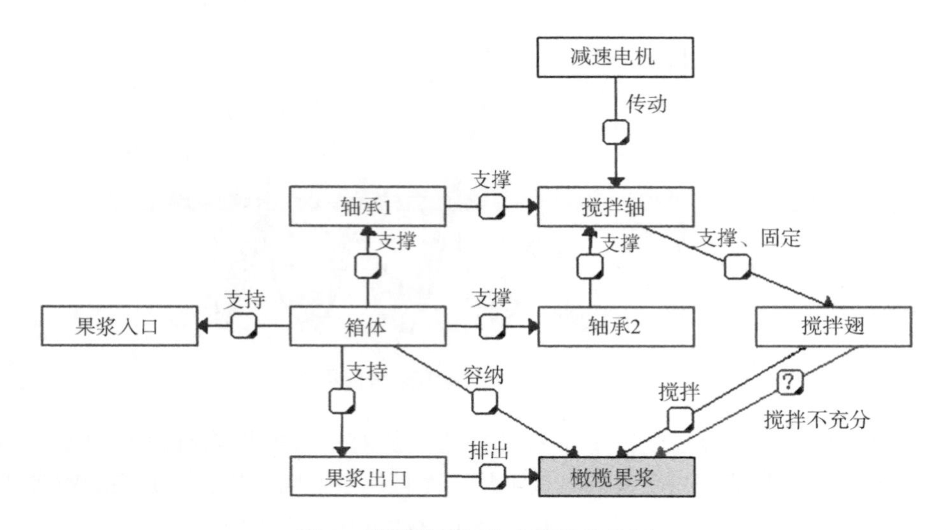

图 2　搅拌装置初步方案组件分析

本课题以技术矛盾分析为主要工具手段，根据关键问题点查找矛盾矩阵中对应的 39 个通用参数中的参数。搅拌装置需要改变搅拌翅与果浆的接触面积（5 运动物体的面积），增加搅拌力（10 力）的作用，从而可以适当降低转动速度（9 速度），减少搅拌的时间和能量损耗（15 运动物体的作用时间、19 运动物体的能量消耗），增加整个系统的适应性（35 适应性和通用性）；但是，却恶化了搅拌翅的外在形状（12 形状），增加了系统的复杂程度（36 系统的复杂性、32 可制造性）。将通用参数列出，并从矛盾矩阵中找出对应的原理，如表 1 所示。

表 1　矛盾矩阵

改善参数	恶化参数		
	12 形状	32 可制造性	36 系统的复杂性
5 运动物体的面积	5，34，29，4	13，1，26，24	14，1，13
10 力	10，35，40，34	15，37，18，1	26，35，10，18
15 运动物体的作用时间	14，26，28，25	27，1，4	10，4，29，15
19 运动物体的能量消耗	12，2，29	28，26，30	2，29，27，28
35 适应性和通用性	15，37，1，8	1，13，31	15，29，37，28

改善的参数为5运动物体的面积、10力、15运动物体的作用时间、19运动物体的能量消耗、35适应性和通用性。

恶化的参数为12形状、36系统的复杂性、32可制造性。

5 方案设计

将创新原理与搅拌装置进一步结合，选出合适的工程案例，从而可以得出概念方案。运用PRO/I软件，由创新原理“分割原理”选出工程案例：分段磁铁在磁控管中产生均匀磁场——要使磁控管进行工作，就要在其内部生成一个均匀磁场。通常，这一区域为柱形，是通过同时添加两块磁铁的磁场产生。磁铁的安放位置要使它们的磁化矢量相互平行。在两块磁铁的侧面间便产生了均匀磁场区。但是，均匀磁场区的延伸范围是有限的，通常磁场强度与距离的立方成反比，即急剧变化。因此，在有两块磁铁的情况下，磁场强度实际上是距离磁铁越近，磁场强度越大。运用分割原理，采用分段磁铁来产生均匀磁场的延伸部分。分段磁铁包含许多独立的磁铁，按圆形排列，以某种方式彼此相向。可以按所需尺寸和强度产生匀强磁场。要做到这一点，可对磁化矢量相互平行的独立磁铁进行空间分离，同时增加这种磁铁的对数。类比案例如图3所示。

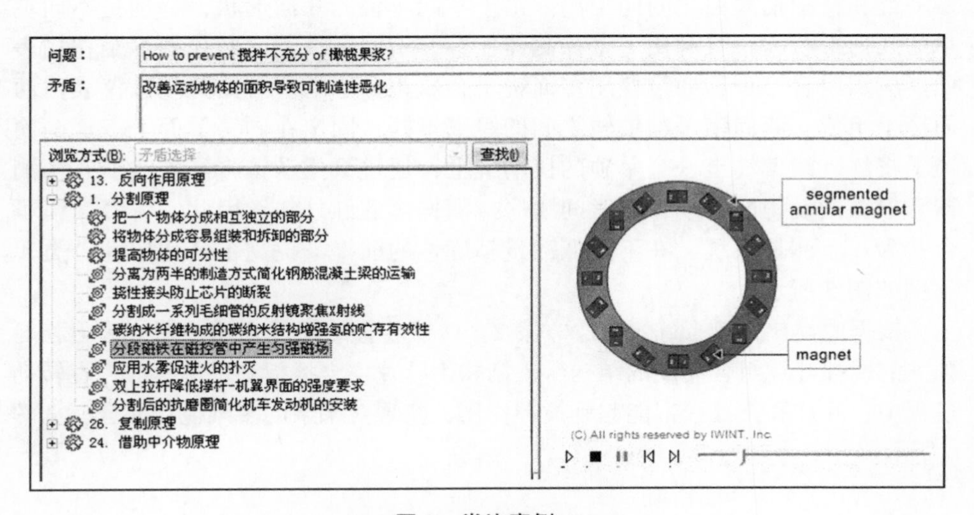

图3 类比案例一

根据此案例，确定出概念方案 1：将原搅拌装置连续式螺旋带改为断续式螺旋带，实现搅拌及适当的推进作用，避免把物料推往一端而影响融合的均衡性，如图 4 所示。

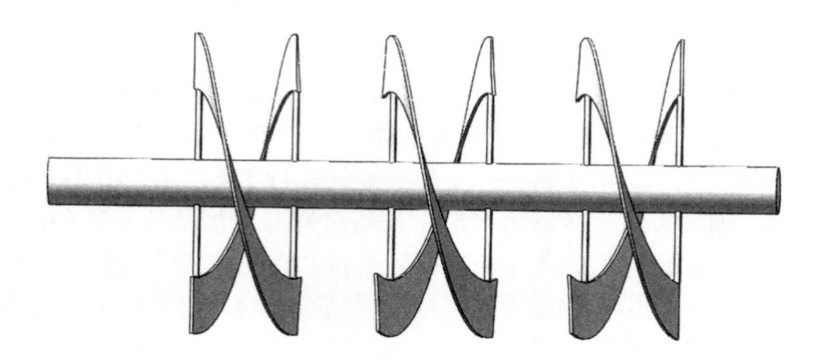

图 4　断续螺带式搅拌翅

由创新原理“分割原理”“组合原理”及“机械系统替代原理”选出工程案例：组合镜提供多个过热表面的同时探测——利用位于空心枕木中的红外仪表测量受热轴和/或轴承的温度，以确定机车车辆中过热轴承箱或制动器的位置。然而，差异很大的轨轮会影响可能的扫描范围。扫描范围取决于摆动镜和待扫描表面之间的距离。由于不同车辆的几何形状，特别是不同轴承的几何形状，很难利用一个探测器在客车不同区域上同时探测多个扫描表面。应用组合原理，通过使用多面镜子合成正分析的所有范围。该仪表由两面镜子组成，两面镜子与铁轨之间的距离不同，固定在同一平面上。这两面镜子将红外线偏转至一个单独的摆动镜上，通过该摆动镜将红外线引入探测器。根据摆动镜的摆动，按时间顺序探测偏离的红外线。因此，将多面镜子合并为一个测量系统，在不降低测量精确性的前提下提高了其适用性。类比案例如图 5 所示。

根据此类比案例，确定概念方案 2：搅拌装置的螺带式搅拌翅改为由相对独立的搅拌叶片组合而成的结构，该结构由叶片、支撑板和轴等组成，在转动过程中，叶片和支撑板都能起到搅拌作用，实现对果浆的多维搅拌融合，如图 6 所示。

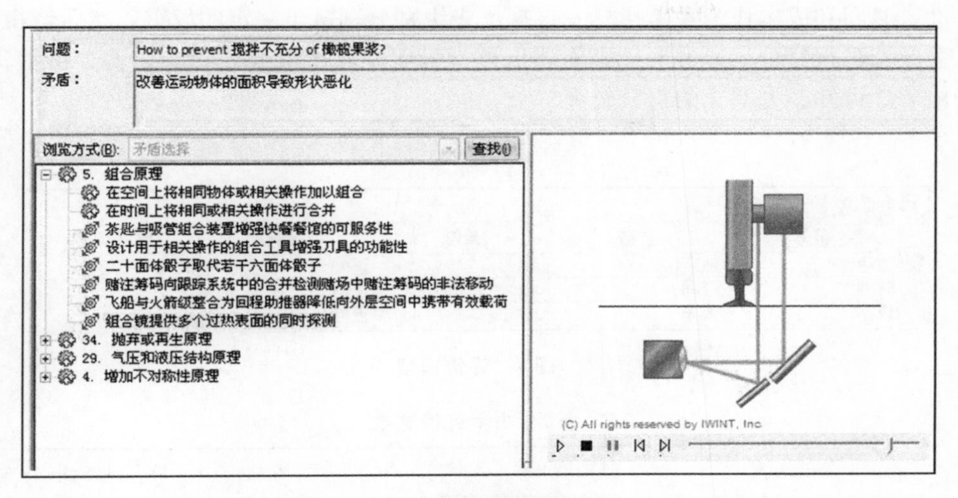

图 5　类比案例二

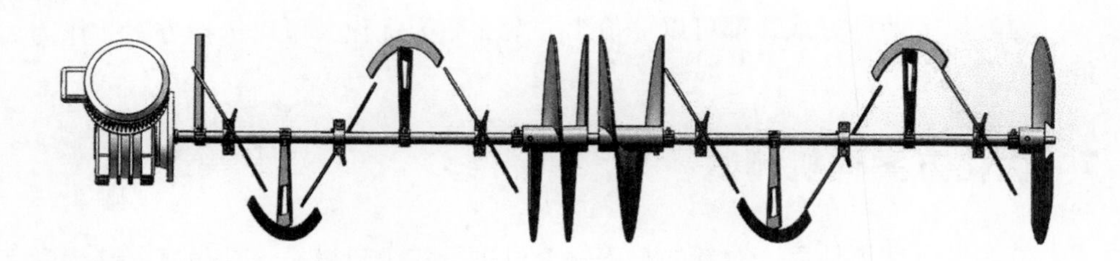

图 6　叶片组合式搅拌翅

6　方案评价

利用 TRIZ 理论中的创新原理优化后，对方案 1、方案 2 两个搅拌装置概念方案进行分析评估。方案 1 采用断续螺带式搅拌翅结构，实现搅拌及适当的推进作用，避免把物料推往一端而影响融合的均衡性，但是并没有明显提高搅拌的效率。方案 2 采用搅拌叶片组合式结构，实现对果浆的多维搅拌融合和适当的推进作用，效果明显。

方案评价还可以通过 PRO/I 软件进行量化评定，如图 7 所示，设置适应性、时间和成本作为参考指标，根据优先级别分别赋予一定的权重，然后请相关专家进行打分，通过普氏矩阵评价模型最后计算出综合评分，如表 2 所示。由表 2 可知，方案 2 的得分较高。

评价模型

符号	参数	单位	影响	参数权重
适应性	适应性	unit	正向	50
时间	时间	unit	正向	30
成本	成本	unit	正向	20

图 7　评价模型

表 2　方案评价结果

备选方案	适应性/unit	时间/unit	成本/unit	综合评分/分
方案 2：搅拌叶组合式搅拌翅	8.00	8.00	4.00	100
方案 1：断续螺带式搅拌翅	4.00	5.00	9.00	72

通过以上两种方式，都可以评价出方案 2 更为优化，所以选择方案 2 作为最终方案。

7　优化方案样机测试

方案综合性评估后，对新的粉碎融合机进行三维建模、运动仿真、静力学校核，待整体系统达到技术要求后对搅拌装置进行样机的制造及试验，并对整体粉碎融合机进行安装调试。新的粉碎融合机采用叶片组合式搅拌翅结构，能够使橄榄果浆实现高效均衡的融合。实际生产表明，融合温度 25℃、融合时间 45min、转速 23r/min 的条件下，橄榄油得率较高，100kg 橄榄得油 20.4kg，且橄榄油的品质较好，达国家特级初榨橄榄油标准要求。粉碎融合机三维模型及样机分别如图 8 和图 9 所示。

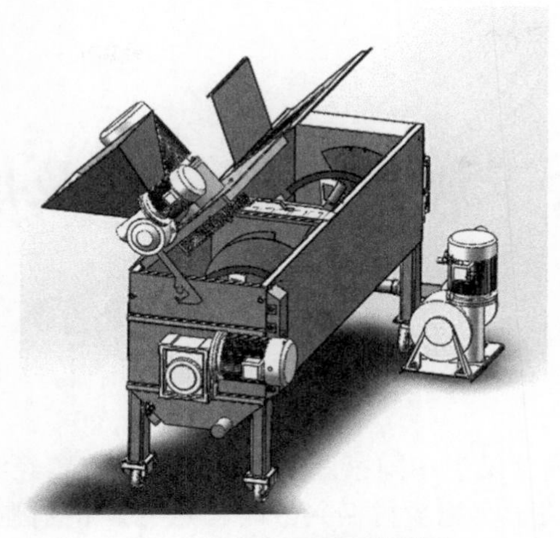

图 8　粉碎融合机三维模型

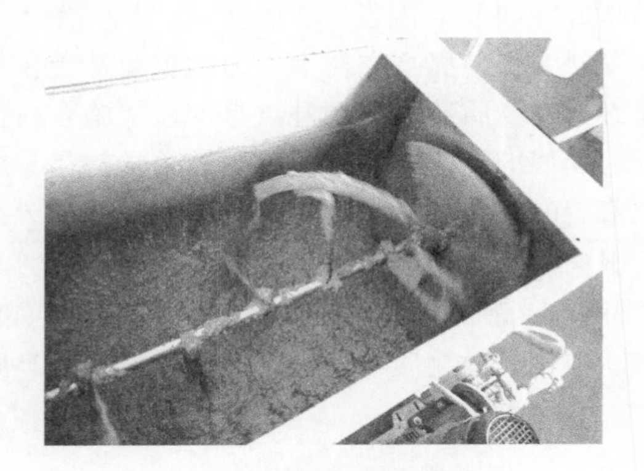

图 9　粉碎融合机样机

（执笔：朱广飞　李少华）

高湿粮食干燥机关键技术及成套设备

1 项目背景

粮食干燥关系国计民生和国家发展战略，其生态、经济、社会地位重要。《中共中央 国务院关于实施乡村振兴战略的意见》特别强调，没有农业农村的现代化，就没有国家的现代化；《国务院关于加快推进农业机械化和农机装备产业转型升级的指导意见》（国发〔2018〕42号）指出，农业机械化和农机装备是转变农业发展方式、提高农村生产力的重要基础，是实施乡村振兴战略的重要支撑。促进干燥物质装备转型升级是国家实施乡村振兴战略的重大需求。粮食干燥现象的相似准则及实际工艺过程的数学解是干燥工艺系统能效评价和装备技术瓶颈背后的核心科学问题，揭示出干燥准则、得到实际工艺过程的理论解，基于云服务、双向通信实现粮食产地智能干燥，具有鲜明的需求导向、问题导向和目标导向特征，能够为国家实施乡村振兴战略补短板、强弱项、促协调，为推动粮食产地物质装备及产地干燥设施向高质量发展转型提供有力支撑。

2 问题描述

粮食干燥是在湿、热等多种非稳态因素并存条件下的连续自发去水过程，水分汽化消耗的是系统中的热能，水分迁移、扩散、运动消耗的是机械功，物系各部分的状态变化不服从热量、质量、动量三大定律假设的单值性条件。所以，以扩散系数来表征瞬态热、质传递和物性变化交互作用、基于三大传递定律揭示干燥现象，存在的理论缺陷是无法得到扩散系数的分析解。在进行模型求解时，必须把扩散系数作为常数才能进行，往往导致积分结果偏离实际的情况，即使在特定试验范围和稳态条件下获得了相应的定常系数，也不具普遍意义，这是制定干燥系统评价标准和基于数值求解、计算机模拟技术时，必须引入水分校正系数、热风温度校正系数、空气湿度校正系数、风量校正系数、去水量校正系数、干燥能力折算系数，而导致实际工程应用极其困难的原因所在。由于其解算精度很大程度上取决于诸多计算系数的取值，工程应用时，还要对这些系数取值制定相应的标准，且还必须结合大量的实际工程试验反复修正，这是实施智能干燥和制定评价干燥工艺能力、能效标准时存在的理论缺陷。

解决问题的途径在于揭示粮食干燥现象的相似准则并基于工艺能力指数得到实际过程的理论解。为此，本研究围绕技术瓶颈背后的核心科学问题，首先是要揭示干燥品质、能耗和过程要素间的制约关系和物理机制，获得实际工艺过程数学解，基于客观干燥㶲高效利用和主观干燥㶲合理匹配，实现优质、高效节能干燥，基于云服务、双向通信和自适应控制技术实现粮食产地智能干燥，拓展科学前沿，引领绿色干燥技术革新。对解决粮食干燥安全与质量控制、引领可持续能源利用、推动粮食干燥成套技术装备转型升级、实施国家乡村振兴战略意义重大。

3 问题分析

国际上，日本、美国、加拿大等国家粮食干燥机械化程度已达90%以上，以成套技术为核心，实现了粮食干燥机械化，但仍存在能耗高、效率低、开环控制等问题，如意大利粮食干燥能耗占其产后加工总能耗的64%。能耗及投资力度与我国现阶段的实际情况不符，照搬国外模式难以解决我国的粮食干燥问题。我国年产粮食6亿多吨，干燥机械化程度总体不足10%。与发达国家相比差距很大，与我国综合机械化水平已达70%的程度相比，发展很不平衡。粮食产后损失很大，问题的根源在于粮食干燥理论与评价方法存在缺陷，不能系统解决干燥品质、能耗、效率间突出的矛盾，没有摆脱设备适应性、通用性、可靠性和安全性差的事实。本质在于对干燥㶲认识不足。自然环境态是干燥自发过程趋向的终态点，但它不是含湿粮食的零㶲点，高湿粮食与介质间存在的客观㶲是干燥物系的可持续能源。

干燥是由含湿物料与有限干燥介质构成的变量物系，自然空气是干燥的介质源，其本身具有接纳水分的能力，即自然空气介质自身携带有客观的干燥㶲，这是进行干燥㶲与一般热力系统㶲分析时的不同之处；粮食在干燥过程中，籽粒内外存在水分和温度偏差，具有大惯性和非线性、多变量特征；水分在物系内汽化、迁移过程的状态变化，并非理想气体。所以，传统基于质量、热量和动量传递定律描述的结合反应热力学特征，不能摆脱其假设的有效性。然而，实际干燥过程并不一定遵循这些假设，这是干燥物系与一般热力描述的定量物系理想过程存在的本质区别，评价干燥物系的能效、工艺能力、能量利用水平等，需要从理论上客观真实地揭示实际过程。

由于在任何过程中，物系的相互作用实际上都体现在能量传递和转换，而能量的传递和转换均以物系的状态变化为标志，状态变化又以外部的约束为条件。度量这个条件的共同尺度，就是表征物系能量可转换能力的㶲，即㶲是推动过程进行的条件。正确表达系统中的㶲，揭示其性质和变化特征是实现高效节能及制定科学、公平、客观评价工艺装备系统能力和能效标准的关键。

4 问题求解

4.1 高湿粮食集中干燥解析方法（关键技术 1）

目前，我国的粮食生产是分散种植和规模化种植多种模式并举，最终走向一体化经营是发展的必然趋势，集中干燥工艺是充分利用高湿粮食及环境介质蕴含的客观干燥㶲，实现优质、高效节能干燥的重要技术措施，不仅迎合了高湿粮食收获期短、必须及时干燥的产业需求，有效降低了干燥能耗，也有助于加快农业生产方式向产业化和集约化转变。

要从本质上解决粮食干燥的问题，必须获得动态干燥过程的分析解，基于粮食干燥系统固有的特征函数，揭示干燥热㶲、扩散㶲、流动㶲效率及其相互作用机制，制定出科学、公平、合理的干燥效率评价标准。基于客观㶲的有效利用，消除热惯性，实现主观㶲合理匹配，开发出能够大幅度提高机器作业效率和干燥效率的高湿粮食集中干燥系统。

解决干燥理论用于动态过程问题的途径是必须把物料自身固有的状态变化特征函数与过程特征有机结合，获得物料在对应的工艺条件和动态干燥过程的机理函数（图 1）。基于自由能揭示了干燥耗能的本质、过程的热力学特征和物性变化机制，获得了具有普遍意义的机理函数的数学解，这是解决高湿粮食集中干燥最本质的手段和途径。自然环境态中蕴含的客观㶲是干燥系的可持续能源，也是迎合当今环保要求，解决干燥耗能问题的重要技术途径。

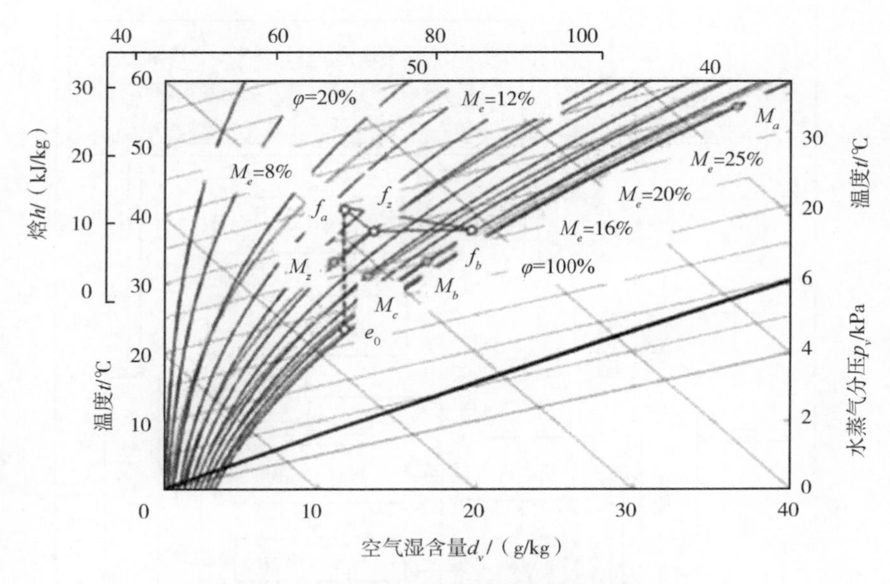

图1　基于粮食与空气介质的状态函数

4.2　无热惯性干燥工艺技术（关键技术2）

热惯性对品质、能耗影响很大，但长期被忽视。需要通过工艺方式，能量发生装置，通过比例阀实现热源与干燥介质双进单出，由温度传感器分别检测高温源、介质和环境温度，基于干燥热能匹配准则，自适应调控比例阀开度，达到自动匹配干燥温度，消除干燥系统热惯性，大幅度提高干燥品质，图2为集中干燥工艺系统。

无热惯性干燥技术应用效果与传统方式相比，粮温降低了9~11℃，干燥效率提高30%以上，该成果授权专利2项。如图3所示，为团队与江西省袁隆平农业高科技股份有限公司（简称“隆平高科”）合作，为其研制的低温种子烘干机，通过无热惯性技术的应用，自动调节烟气比例阀开度，实现干燥热能需求的自适应匹配，解决了传统干燥过程热风温度忽高忽低而导致粮食温度不稳定的问题，提高了能量利用率和干燥效率。

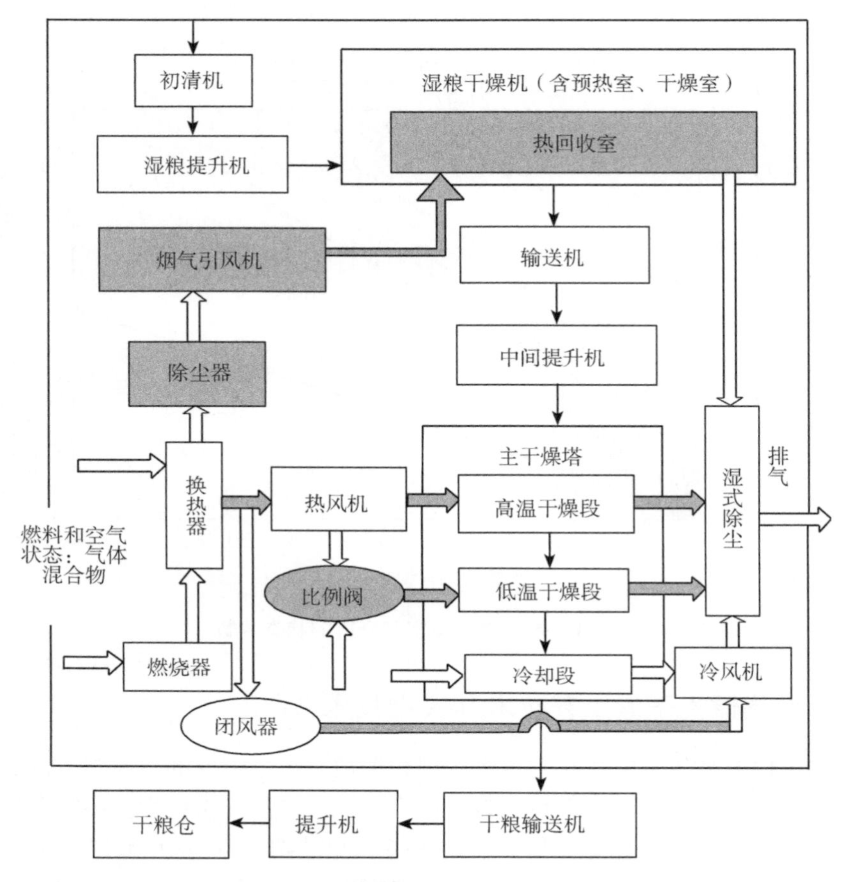

图 2　集中干燥工艺系统

4.3　高效节能、无尘、无害干燥技术（关键技术 3）

无尘、无害是绿色干燥的必然要求，基于干燥物系的流动特征，破解含杂的高湿粮食非牛顿流态，揭示流动层、连续式、静置式、循环式-缓速干燥等各种工艺方式和系统主观热量消耗，研发出多种不同结构形式和热能有效利用方式的绿色节能干燥机。通过变截面排气和进气道、排粮装置结构设计、瞬间降压闪蒸和双进单出逆混流多场协同，大幅度提高干燥动力系数，改善粮食组织功能，强化传热，通过完全依赖粮食自身重力和内摩擦实现自动翻转，从根

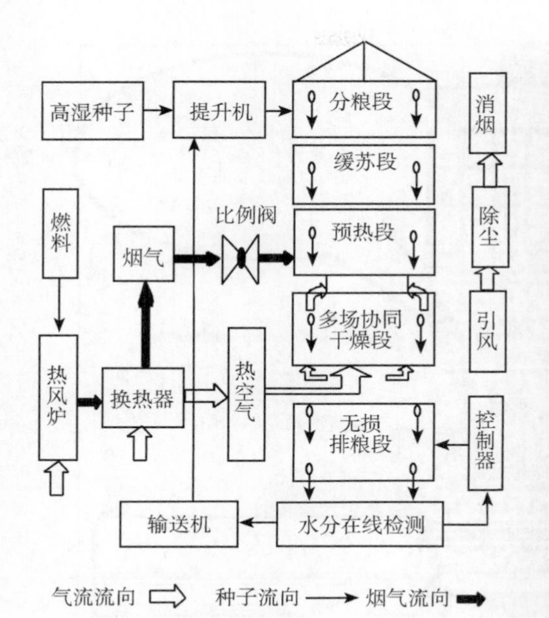

图 3　低温种子烘干机

本上解决机械损伤和机内残留问题，提高干燥机的通用性，有效解决干燥不均、能耗较高及设备年利用率低等问题，具体相关技术如图 4 所示。

干燥是高能耗的单元操作，存在烟尘及有害菌排放。对应此问题，发明了内置红外辐射、无损排粮、逆混流、多场协同干燥机。图 4 剖面结构可看出，远红外热辐射，高温烟气的余热利用；无损排粮，改变了传统排粮轮的结构，减少了粮食的机械损伤；变截面的角状盒通风结构，相比传统的同一截面的角状盒通风，增加了粮食在干燥流动过程中翻滚次数，提高了粮食的受热均匀程度；自动除尘消烟，减少了大气排放污染物。

该成果的技术特点：一是灭菌、改善品质效果明显，发芽率势提高 90%，发芽率接近 100%，干燥爆腰率接近于零（隆平高科检验报告）；二是变位设计使干燥动力系数增大 4 倍；三是无损排粮，减少粮食机械损伤；四是多场协同，热耗降低 60%以上。

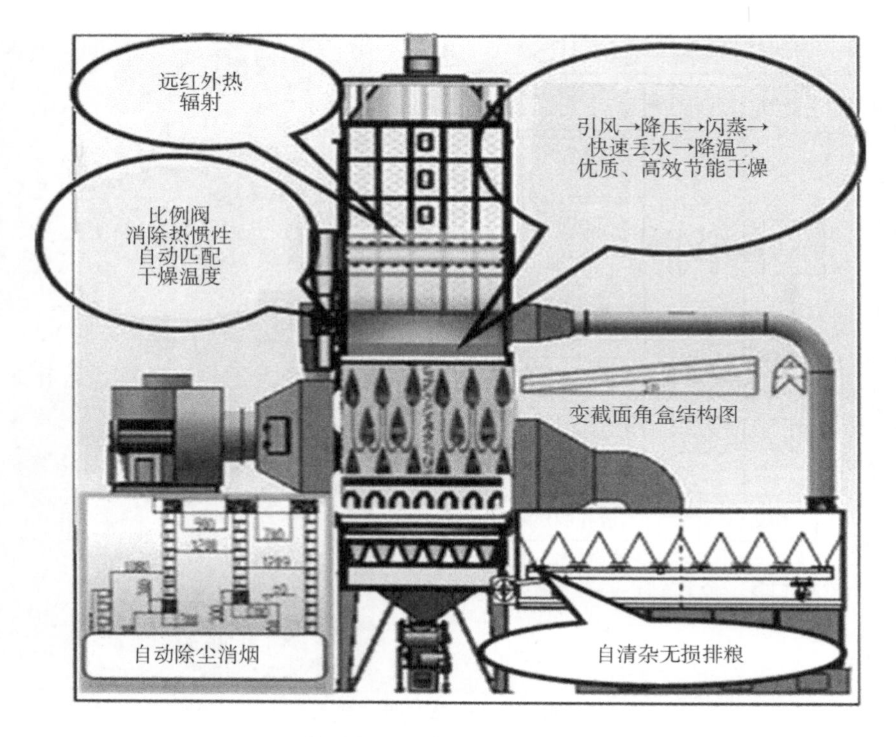

图 4　高效节能粮食通用干燥技术及设备

4.4　水分在线检测与自适应控制技术（关键技术 4）

粮食水分在线检测技术是我国发展粮食机械化干燥的短板，难点在于适应高温、高湿、高粉尘动态环境下检测，问题焦点在于检测精度、适应范围和可靠性。为适应我国不同产区粮食干燥的需要，在水分检测方面发明了新的测量属性，研发两类 4 种型号的检测仪器，能够在环境温度（-35~40℃）和水分（10%w. b. [①]~35%w. b.）大范围动态变动条件下实现水分在线智能检测，如图 5 所示。

一类是单粒水分在线智能检测仪。解决国内外检测仪在粮食含水率在 24%w. b. 以上时，检测误差较大的问题，提高在线检测的可靠性，适应稻谷、

① w. b. 为湿基含水率。

玉米、小麦、高粱等水分在线实时单粒检测，为客观评价干燥均匀性提供了技术支撑。

另一类是群粒无损智能检测仪，适应稻谷、玉米、小麦、高粱和油菜等各类作物种子干燥水分实时在线检测。

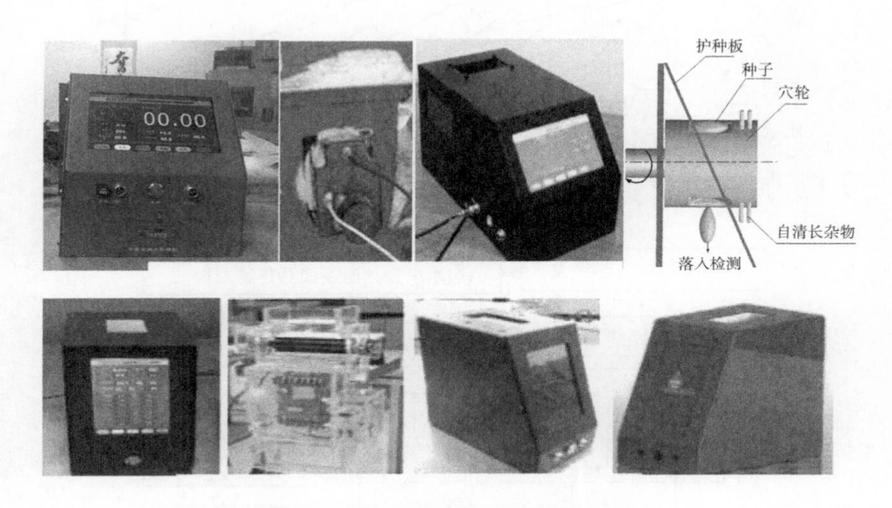

图 5　电阻式和电容式水分检测仪

粮食干燥系统自适应控制技术：自适应是解决不确定性精确控制问题的唯一途径，一直是干燥研究领域的重大命题。如图 6 和图 7 所示，建立质量成分、质量比、产品得率状态参数及其特征函数的新坐标系，找到任意进粮水分对应的同一目标水分的基准线，基于物系固有的特征函数，实时自适应调控干燥过程，确保在进粮水分变动的条件下，干燥目标水分一致，从源头上解决品质、能耗双目标自适应控制这一历史性难题。

本团队在国家自然科学基金的资助下，破解了粮食干燥自适应调控模型辨识方法，开发出了集中干燥自适应控制系统，使设备在工作过程中，按照实时的进粮水分自动变更工作制度，确保实时的操作条件最优。从根本上改变了传统靠检测出机粮水分、控制排粮速度或进风条件的做法，大幅度提升了粮食干燥过程控制的技术水平。

4.5　高湿粮食集中干燥工艺系统及方法（关键技术 5）

我国区域特征明显，山区、平原、盆地产区间差异大，气候特征不同，粮

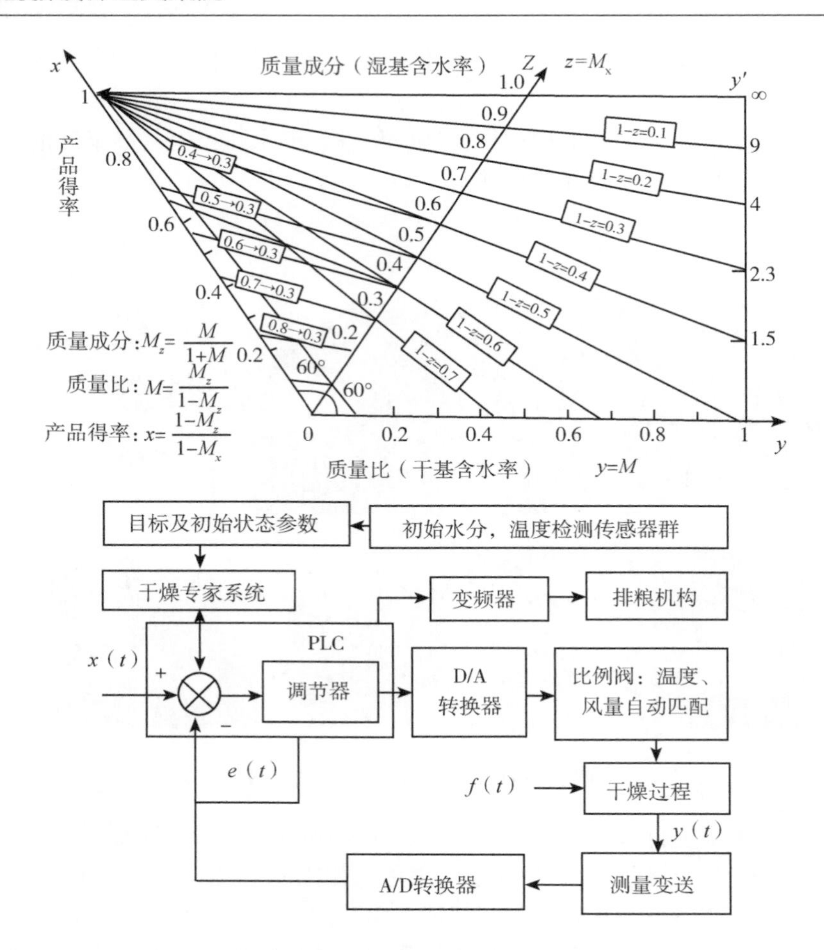

图 6　粮食干燥系统自适应控制技术

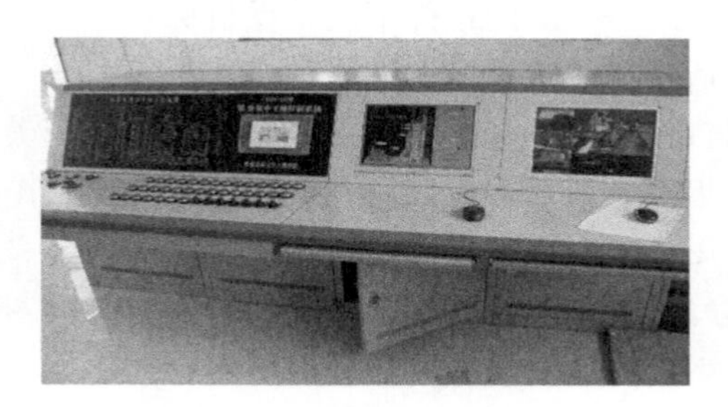

图 7　自适应控制系统

食品种繁多，分散与集中种植并举，发展机械化干燥不能是单一的模式。对此问题，研制了 8 种型号干燥机，形成了单批次和联机集中干燥多种模式，如图 8 所示，基于客观焔，实现优质高效节能干燥。

a. 新疆芳草湖：日处理 3 000t 玉米集中干燥工艺装备系统

b. 5HP 系列单塔和双塔批循环干燥模式

c. 湖北白鹭湖：日处理 500t 稻谷集中干燥工艺装备系统

d. 5HP 系列联机组合连续干燥模式

图 8　批次型和连续型粮食干燥机

4.6　技术特点

高湿粮食干燥系统的特点和优势如下。一是系统利用客观焔最低可以去除 10%以上的水分；二是干燥机的产能提高 4 倍以上；三是主观热能回收率 55.3%；四是单位热耗量仅为 5 600kJ/kg，与国标 8 000kJ/kg 相比，实现节能达 40%以上；五是适应 5～3 000t/日处理量的要求。团队成果已形成授权成套技术及专利如图 9 所示。

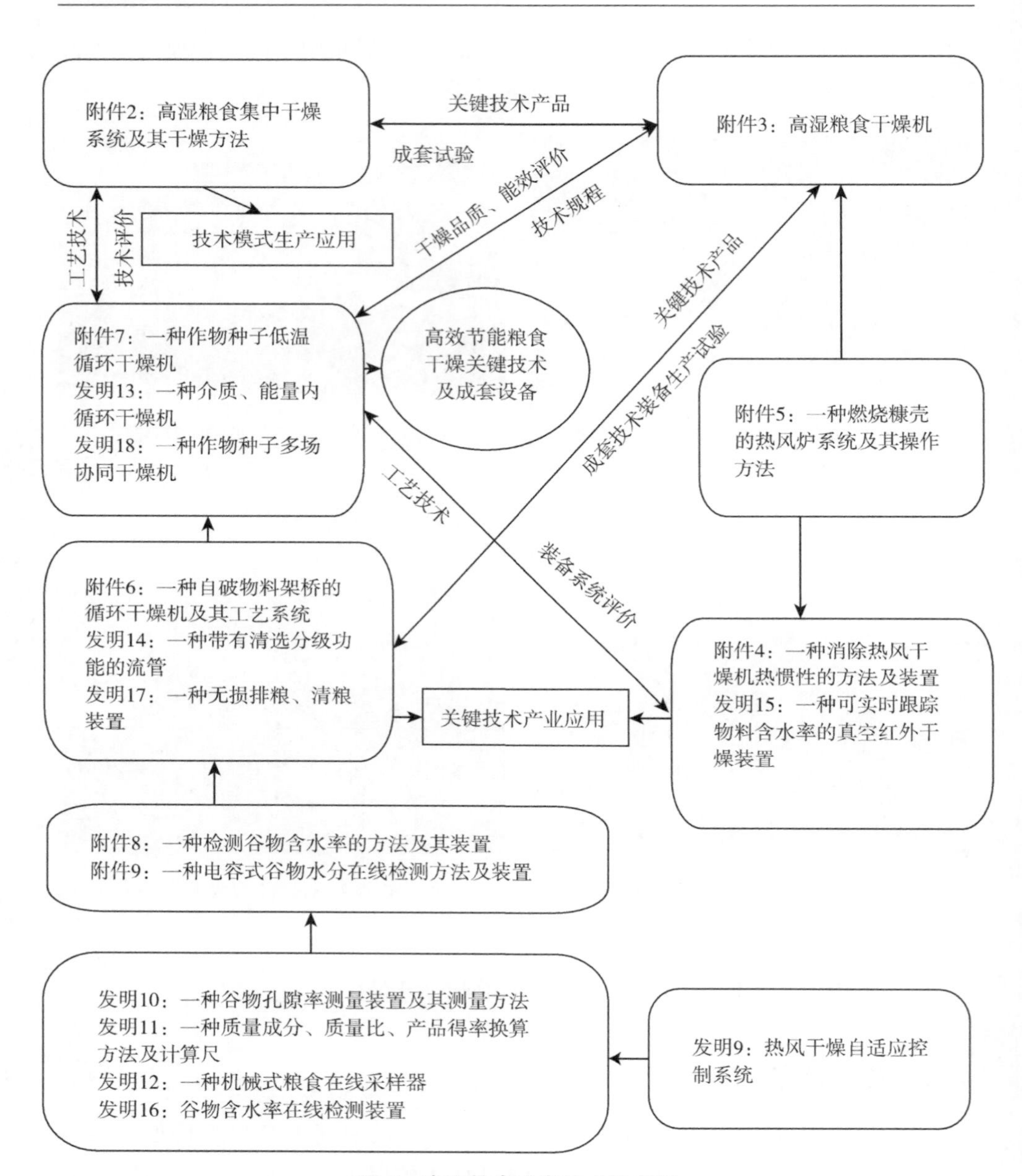

图9　高湿粮食成套技术及专利

高湿粮食集中干燥技术与国外同类技术比较，如表1所示。

表 1 高湿粮食集中干燥技术与国外同类技术比较

发明点	技术	本项目技术	国内外同类技术
1	干燥解析方法	首次揭示了干燥物系自身固有的特征函数，建立了干燥㶲评价方法体系，从源头上解决了双目标控制问题，技术填补国际空白	尚无
2	无热惯性干燥工艺技术	揭示出了调控准则，创制了比例阀，确立了引风干燥控制策略，发明了无热惯性干燥技术	尚无
3	高效节能、无尘、无害干燥技术	远红外热辐射→提质、提速→强化传热→引风→降压→局部闪蒸→降温→高活力；粮食自破架桥、无损排粮、自动清杂、除尘关键技术	尚无
4	水分在线检测与自适应控制技术	检测粮食水分范围 10%～40%适应－35～40℃动态变化，检测误差≤±0.5%；自适应控制技术填补国内外空白	国内外：水分在 24% w.b. 以上时测不准；归属开环和经验控制
5	高湿粮食集中干燥工艺系统及方法	基于客观㶲，实现优质高效节能干燥，发明的单机循环和联机连续干燥模式，适应日处理量在 5～3 000t的不同作业要求，节能效果明显	整体技术明显优于国内外现有技术

5 总结

粮食干燥关系国计民生和国家发展战略，其生态、经济、社会地位重要。高效节能粮食干燥关键技术及成套设备的应用，突破了干燥自适应控制、无尘、无热、惯性干燥和工艺系统评价等多项关键技术，形成了成套设备，实现了优质、高效、节能的干燥目标。

（执笔：张烨　李长友）